普通高等教育公共课系列教材

海洋环境基础

宋雪珑　万剑锋

崔　岩　编著

BASIS OF
MARINE
ENVIRONMENT

U0241999

中国轻工业出版社

图书在版编目(CIP)数据

海洋环境基础/宋雪珑，万剑锋，崔岩编著. —北京：中国轻工业出版社，2022.8

普通高等教育"十三五"规划教材

ISBN 978-7-5184-2510-5

Ⅰ.①海… Ⅱ.①宋… ②万… ③崔… Ⅲ.①海洋环境—高等学校—教材 Ⅳ.①X21

中国版本图书馆 CIP 数据核字（2019）第 135922 号

责任编辑：张文佳   责任终审：张乃柬   封面设计：锋尚设计
版式设计：砚祥志远   责任校对：吴大朋   责任监印：张 可

出版发行：中国轻工业出版社（北京东长安街 6 号，邮编：100740）

印   刷：三河市国英印务有限公司

经   销：各地新华书店

版   次：2022 年 8 月第 1 版第 2 次印刷

开   本：787×1092 1/16 印张：8.5

字   数：200 千字

书   号：ISBN 978-7-5184-2510-5   定价：35.00 元

邮购电话：010-65241695

发行电话：010-85119835 传真：85113293

网   址：http://www.chlip.com.cn

Email：club@ chlip.com.cn

如发现图书残缺请与我社邮购联系调换

221054J1C102ZBW

前　言

　　海洋是生命的摇篮、资源的宝库。海洋中有约 18 万种动物和 2 万多种植物，这些动物和植物有许多可以供人类食用、药用或作为工业原料。海底蕴藏着丰富的锰、钴、石油、天然气和可燃冰等资源，可满足人类对资源的长期需求。同时，海洋对地球的水循环、氧气分配、热量传输和气候调节等起着关键的作用。

　　随着社会经济不断发展，海洋承受着沿海开发、工业污染和海洋资源的不合理利用等带来的压力。人类不断地向海洋倾倒生活污水、工业废水和固体废弃物等，导致海洋环境日益恶化。目前，多处海域污染严重，海洋生物大量死亡，生态平衡被破坏，已经严重损害了海洋资源，甚至危及人类的健康。

　　本书从海洋地学环境、海洋物理环境、海洋生态环境、海洋气象环境、海洋灾害、海洋污染和海洋环境监测等方面介绍海洋环境的基础知识。海洋环境方面的课程是海洋专业的大学生一门重要的必修课，而对其他专业的大学生来说，也是一门重要的选修课和素质教育课。目前，大学生普遍缺乏海洋知识，尤其是非海洋专业的大学生，对海洋的认知仍停留在初中和高中的地理课学习阶段。本书旨在提升大学生的海洋环境知识和海洋环境保护意识，可以作为大学生的海洋环境课程教材，也可供海洋爱好者自学。

　　本书由宋雪珑、万剑锋、崔岩等人编写。在编写过程中得到了桂林电子科技大学北海校区和岭南师范学院的支持和配合，在此表示感谢。同时，还要感谢中国轻工业出版社的大力支持。限于时间以及编者的水平，书中不足之处在所难免，欢迎专家、学者以及广大读者批评指正。

编者

2019 年 4 月 4 日

目录

1 海洋地学环境

1.1 地球和海洋

1.1.1 地球概况

太阳是茫茫宇宙中的一颗普通恒星。太阳表面温度约为 5500℃，中心温度约为 $1.5×10^7$℃。太阳通过核聚变的方式，向太空释放光和热。太阳直径约为 $1.4×10^6$km，相当于地球直径的 109 倍。太阳的质量约为 $2×10^{30}$kg，是地球质量的 33 万倍。在太阳引力的作用下，8 颗行星、173 颗卫星、5 颗矮行星、约 1700 颗彗星、约 127 万颗小行星以及大量的流星围绕着太阳运行。

8 颗行星按照离太阳由近到远的顺序，依次是水星、金星、地球、火星、木星、土星、天王星和海王星。其中，离太阳较近的水星、金星、地球和火星属于类地行星，共同特点是体积小、密度大、卫星少、表层为固体；离太阳较远的木星、土星、天王星和海王星属于类木行星，共同特点是体积大、密度小、卫星多、无固体表面。

水星是最靠近太阳的行星，白天温度约为 427℃，晚上约为 -173℃，没有海洋存在；金星的大气主要为二氧化碳（96%），温室效应强烈，平均温度为 475℃，表面也不可能有海洋；火星的表面曾经有海洋，但目前已经干涸，火星地表下有多处冰川，且在南极地下存在液态水。木星、土星、天王星和海王星等类木行星也称气态行星，表面为气体，内部深处是较小的岩石内核，目前没有发现水构成的海洋。

地球是直径、质量和密度最大的类地行星，距离太阳 $1.5×10^8$km。地球的质量约 $6×10^{24}$kg，最大周长约 $4×10^4$km。地球的赤道半径为 6378km，极半径为 6357km，平均半径 6371km（图 1-1）。地球是一个两极稍扁、赤道略鼓的不规则球体。地球在太阳引力作用下，环绕太阳转动，公转周期为一年（365 日 6 时 9 分 10 秒）。同时，地球绕自转轴自西向东转动，从北极点上空看，沿逆时针方向旋转，自转周期为一日（23 时 56 分 4 秒）。地球是生命的家

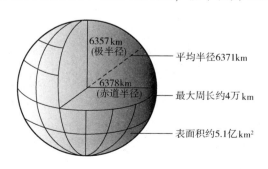

图 1-1　地球的形状和大小

1

园，也是人类生存的环境。

月球是地球唯一的天然卫星，半径为 1738km，相当于地球半径的 27.1%；质量为 $7.35×10^{22}$kg，相当于地球质量的 1.2%。月球的自转周期与月球绕地球的公转周期相同，均为 27 日 7 时 43 分 11.5 秒，因此，我们看不到月球的背面。月相的变化取决于太阳、地球、月球的相对位置，周期为 29 日 12 小时 44 分 3 秒，近似中国阴历一个月。月球上没有水，大气也非常稀薄，因此，昼夜温差极大，白天最高气温为 160℃，夜间最低为 −180℃。

1.1.2 地球的圈层结构

大约在 46 亿年前，太阳由星云收缩而形成。随后 5000 万年，地球经历聚集和碰撞逐渐诞生。地球诞生之初，在引力作用下急剧收缩，放射性元素发生衰变，地球不断加热增温。当温度足够高时，地球内部的物质开始熔解，重的物质下沉凝聚为地核，轻的物质上浮构成地幔。随后地球由外向内逐渐降温，地球的最外层冷却凝固成地壳，从而形成了圈层结构。

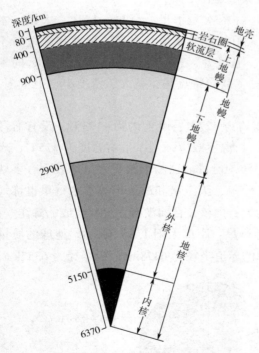

图 1-2　地球内部圈层结构

地球的内部圈层由地壳、地幔和地核构成（图 1-2）。地壳是由岩石组成的固体外壳，根据结构和厚度的差异，分为大陆地壳和海洋地壳。大陆地壳的平均厚度约为 33km，上层为花岗岩层，下层为玄武岩层；海洋地壳的平均厚度约为 6km，主要由玄武岩组成。

地幔位于地壳之下，厚度约为 2900km，是地球内部质量和体积最大的一层。地幔可分成上地幔和下地幔，上地幔的平均密度为 $3.5g/cm^3$，深度在 33~980km，下地幔的平均密度为 $5.1g/cm^3$，深度在 980~2900km。上地幔存在着一个软流层，软流层位于深度 80~400km，内部温度和压强非常高，岩石软化呈塑性状态，在外力作用下，软流层会发生缓慢的变形和流动。科学家推断，软流层很可能是岩浆的发源地。软流层的上面被称为岩石圈，岩石圈包括上地幔的顶部和地壳。

地核位于地球的核心，半径约为 3470km，主要由铁和镍等元素组成。地核的特点是温度高（4000~7000℃）、密度大（约 $1.07×10^4 kg/m^3$）、压强大（$1.3×10^{11}$~$3.6×10^{11}$ Pa）。地核分为外核和内核，外核呈液态，深度为 2900~5150km；内核呈固态，深度为 5150~6370km。

地球固体表面的内部是地球的内圈，而固体表面的外部是地球的外圈。地球的外圈包括大气圈、水圈和生物圈。那么地球的外圈是如何形成的呢？

地球诞生之初，大气的主要成分是氢和氦，在太阳风（从太阳上层大气射出的超声速等离子体带电粒子流）和地球升温的作用下，原始大气逐渐向外消散。随后地球表面逐渐冷却，禁锢于地球内部的水分和气体通过火山活动和造山运动排出地表，形成水气合一的大气。随着大气的温度逐渐降低，水气变成水滴，形成降雨。这场降雨持续了很久，滔滔的洪水越过千山万壑，汇聚成巨大的水体，形成原始的海洋。

在海洋的底部存在着许多热泉，这里有生命所需的物质和能量，并且远离地球表面的紫外辐射。许多科学家认为，生命很可能就诞生于海底热泉。生命诞生后，开始逐步进化。约 33 亿年前，能够进行光合作用的生物诞生，二氧化碳减少，氧气增多，地球的大气圈和水圈发生质的变化。大气的臭氧层渐渐形成，大幅度减少了地球表面的紫外辐射，生物终于可以登上陆地了。

大气圈、水圈、生物圈和岩石圈相互渗透、相互交错、相互重叠，共同构成了地球的自然环境。

1.1.3 洋

地球的表面积约为 $5.1×10^8 km^2$，其中陆地占 29.2%，海洋占 70.8%，海洋面积约为 $3.6×10^8 km^2$，是陆地面积的 2.4 倍。海洋的水平尺度与垂直尺度的比值约为 1000∶1，即海洋的垂直尺度远小于水平尺度，海洋的平均深度约为 3800m。海洋中含有 $1.35×10^9 km^3$ 的水，约占地球总水量的 97%。地球上的海洋相互连通，构成统一的世界大洋。

海和洋是两个不同的概念。洋，或称大洋，指面积非常广阔的水域，约占海洋总面积的 90.3%。洋的特点包括远离陆地、水质较好、水深超过 2000m、温度和盐度几乎不受陆地影响，以及具有独立的洋流系统等。地球上有 4 大洋，分别为太平洋、大西洋、印度洋和北冰洋（图 1-3）。

（1）太平洋

太平洋是地球上最大的大洋，东西最宽 19500km，南北最长 15800km，面积为 $1.65×10^8 km^2$，占海洋总面积的 45.8%。太平洋也是地球上最深的大洋，平均深度约为 4282m，最深处位于马里亚纳海沟（11034m）。太平洋还是地球上岛屿最多的大洋，岛屿面积约为 $4.4×10^6 km^2$，约占地球岛屿总面积的 45%。太平洋的西边界为亚洲和大洋洲，东边界为北美洲和南美洲。太平洋以赤道为界，分为北太平洋和南太平洋。

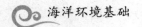

世界地图

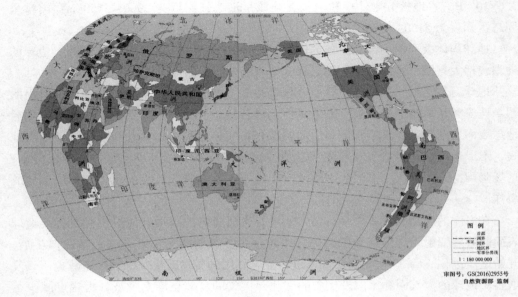

图1-3 四大洋

（2）大西洋

大西洋是第二大洋，平均深度为3925m，东西最宽6852km，南北最长15742km，面积为 $8.2\times10^{7}km^{2}$，占海洋总面积的22.8%。大西洋的西边界为北美洲和南美洲，东边界为欧洲和非洲。大西洋以赤道为界，分为北大西洋和南大西洋。

（3）印度洋

印度洋是第三大洋，平均深度为3963m，面积为 $7.3\times10^{7}km^{2}$，占海洋总面积的20.3%。印度洋主要在南半球，位于印度半岛以南，西边界为非洲，东边界为大洋洲。

（4）北冰洋

北冰洋是地球上最小、最浅的大洋，位于地球的最北端。北冰洋的平均深度约为2179m，面积约为 $5.0\times10^{6}km^{2}$，占海洋总面积的1.4%。北冰洋被亚欧大陆和北美大陆所包围，接近半封闭。北冰洋冬季时几乎全部被海冰所覆盖，夏季时则有大量的海冰融化。

1.1.4 海、海湾和海峡

陆地与大洋之间的大面积水域称为海。地球上共有54片海，占海洋总面积的9.7%。海的特点包括靠近陆地、水质欠佳、水深在2000m以内、温度和盐度受陆地影响，并且没有独立的洋流系统等。

根据海所处的位置，海可分为内陆海、边缘海和陆间海。内陆海是伸入大陆内部的海，面积较小，深度较浅，如渤海和波罗的海；边缘海位于大陆边缘，以半岛、岛屿或群岛与大洋分隔，水流交换通畅，如南海和白令海；陆间海是位于几个大陆之间的海，面积较大，深度较深，如地中海和加勒比海。

海洋除了有海和洋之外，还包括海湾和海峡。海湾深入大陆内部，是海洋的突出部分，一般呈 U 形或圆弧形，如阿拉斯加湾和哈德逊湾。海湾是建设港口、发展海上交通、开展海水养殖的良好场所，具有非常高的经济价值。地球上主要的海和海湾如表 1-1 所示，其中太平洋周围的海和海湾最多。

表 1-1 　　　　　　　　　　　　地球主要的海和海湾

洋	海和海湾	面积（万 km²）	平均深度（m）
太平洋	白令海	230.4	1598
	鄂霍次克海	159.0	777
	日本海	101.0	1752
	黄海	38.0	44
	东海	77.0	370
	南海	350.0	1212
	爪哇海	48.0	45
	苏禄海	34.8	1591
	苏拉威西海	43.5	3645
	班达海	69.5	3064
	珊瑚海	479.1	2394
	塔斯曼海	230.0	2705
	阿拉斯加湾	132.7	2431
	加利福尼亚湾	17.7	818
大西洋	波罗的海	42.0	86
	北海	57.0	96
	地中海	250.0	1498
	黑海	42.3	1271
	加勒比海	275.4	2491
	墨西哥湾	154.3	1512
	比斯开湾	19.4	1715
	几内亚湾	153.3	2996

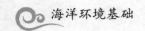

续表

洋	海和海湾	面积（万 km²）	平均深度（m）
印度洋	红海	45.0	558
	阿拉伯海	386.0	2734
	安达曼海	60.2	1096
	帝汶海	61.5	406
	阿拉弗拉海	103.7	197
	波斯湾	24.1	40
	大澳大利亚湾	48.4	950
	孟加拉湾	217.2	258
北冰洋	格陵兰海	120.5	1444
	楚科奇海	58.2	88
	东西伯利亚海	90.1	58
	拉普捷夫海	65.0	519
	喀拉海	88.3	127
	巴伦支海	140.5	229
	挪威海	138.3	1742

海峡位于两个大陆或大陆与岛屿之间，是连接两个水域的狭窄水道。海峡的深度较深，水流较急，温度、盐度等水文（水文是研究自然界水的分布和变化的学科）要素在垂直方向和水平方向上差异较大。海峡的地理位置特别重要，是海上的交通要道，世界上著名的海峡有 50 多个。

1.2 海底构造

1.2.1 海底地貌形态

海底与陆地相似，有高耸的海山，起伏的海丘，绵延的海岭，深邃的海沟，坦荡的平原。海底地貌是海水覆盖下的地球表面形态，包括 3 大单元，大陆边缘、大洋中脊和大洋盆地。

（1）大陆边缘

大陆边缘是陆地与大洋之间的广阔过渡地带，占洋底总面积的 22%。大陆边缘分为稳定型和活动型两种类型。稳定型大陆边缘地质构造稳定，地震和火山活动少，广泛分布于大西洋、印度洋和北冰洋的周围。稳定型大陆边缘由大陆架、大陆坡和大陆隆三部分组成（图 1-4）。

大陆架，又称大陆棚或大陆浅滩，是大陆周围被海水淹没的浅水地带。由于大陆架是陆地土地向海洋的延伸，所以大陆架的地质构造与陆地地壳一致。大陆架的深度一般为0~200m，平均坡度0.1°。大陆架蕴藏着丰富的油气田，已探明的石油储量占地球石油总储量的1/3。大陆架是海洋植物和动物生长发育的良好场所，也是渔业和养殖业的主要区域。

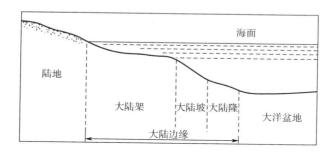

图1-4 稳定型大陆边缘示意图

大陆坡，又称大陆斜坡，是大陆架外缘的陡峭斜坡。大陆坡的深度为200~2000m，平均坡度4.3°，地质构造为陆地地壳。

大陆隆，又称大陆裙或大陆基，位于大陆坡和大洋盆地之间。大陆隆表面坡度平缓，平均坡度为0.5°~1°，深度为2000~5000m。大陆隆的沉积物较多，厚度2000m以上，主要来自大陆的黏土及沙砾。大陆隆的地质构造属于大洋地壳或过渡型地壳。

活动型大陆边缘集中分布在太平洋的东西两侧，故又称为太平洋型大陆边缘。活动型大陆边缘的地震和火山活动频繁，是全球最强烈的构造活动带。活动型大陆边缘又可以进一步分为岛弧亚型和安第斯亚型两类。岛弧亚型由"边缘海盆-岛弧-海沟"构成，主要分布在西太平洋。其中，岛弧是指大陆边缘连绵呈弧状的一长串岛屿，海沟是指海洋中两壁陡峭的狭长沟槽。西北太平洋的岛弧亚型大陆边缘如图1-5（a）所示，包括"鄂霍次克海-千岛群岛-千岛海沟""日本海-日本群岛-日本海沟"和"东海-琉球群岛-琉球海沟"等；安第斯亚型由"山脉-海沟"构成，分布在太平洋东侧。例如，南美洲的安第斯山脉和相邻的秘鲁-智利海沟，高度差约14500m，是全球高度差最悬殊的地带，如图1-5（b）所示。

（2）大洋中脊

大洋中脊是贯穿世界四大洋、成因相同、特征相似的海底山脉系列。大洋中脊全长达8万km，面积占洋底总面积的33%，是地球上最长、最宽的山系。大洋中脊相对洋底的高度为1~3km，顶部的平均水深为2~3km，只有少数的大洋中脊露出水面成为岛屿（如冰岛）。

大洋中脊在四大洋的分布各有不同（图1-6）。北冰洋中脊位于南森海岭，并向南延伸，与大西洋中脊相连；大西洋中脊位于大洋中央，呈"S"形，走向与东西

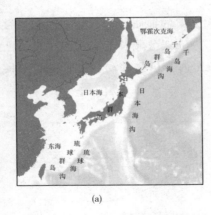 

图 1-5　（a）岛弧亚型大陆边缘　（b）安第斯亚型大陆边缘

两岸大体平行；印度洋中脊位于大洋中部，分成三支，呈"入"字形；太平洋中脊位于大洋的东侧。

图 1-6　大洋中脊分布图

（3）大洋盆地

除了大陆边缘和大洋中脊之外的广阔洋底称为大洋盆地，或洋盆。大洋盆地约占洋底总面积的 45%，深度一般为 4~6km。大洋盆地与陆地地形相似，也呈现出高低起伏、凹凸不平的态势。其中，凸起的部分为正地形，凹陷的洼地为负地形，相对平坦的区域则为深海平原。

洋盆的正地形有海丘、海山、海岭和海台等。海丘，又称海底丘陵，是指相对高度小于 1km 的海底高地；海山是指相对高度大于 1km，且坡度较陡的海底高地，多数为海底火山；海岭是指绵延狭长的大洋底部高地，一般由链状海底火山构成；海台，又称海底高原，是指平坦、宽阔的海底高地，一般高出周围洋底 1~2km。

洋盆的负地形包括海盆和海槽。海盆是指海洋底部面积较大的盆状洼地，例如，加拿大海盆、阿拉伯海盆和安哥拉海盆等；海槽是指长度大、宽度小，两侧坡度平缓的海底洼地，如冲绳海槽、希腊海槽和新几内亚海槽等。

1.2.2 海底构造与大地构造学说

海底构造与大地构造学说是关于地壳构造发生、发展、运动、分布规律和形成机制的学说，主要包括大陆漂移说、海底扩张说和板块构造说。

（1）大陆漂移说

大陆漂移说是由德国科学家魏格纳于 1912 年首先提出的。魏格纳在不经意间发现美洲大陆和非洲大陆的轮廓如此契合。之后，他通过不断地实地考察和研究，收集各类资料，找到了海岸线形态、地质构造、古气候和古生物地理分布等许多证据。1915 年，魏格纳发表《海陆的起源》一书，论证了大陆漂移学说。

大陆漂移说认为，地球上所有大陆在中生代以前（2 亿年前）是统一的巨大陆块，称为泛大陆，而周围是一片汪洋大海，称为泛大洋。中生代以后，泛大陆开始解体、分裂，漂移到现在的位置，而泛大洋逐渐收缩成为现在的太平洋。

大陆漂移说提出后，魏格纳遭到科学界的强烈反对。争议最多的地方在于巨大的大陆是在什么之上漂移的？驱动大陆漂移的力量来自哪里？魏格纳推测是潮汐拍打大陆的岸边引起微小的运动，日积月累使巨大的陆地漂到远方。然而，物理学家经过计算后发现，潮汐产生的力实在太小，根本无法推动广袤的大陆。

为了证明学说的科学性和真实性，魏格纳四赴格陵兰岛进行实地考察，却不幸遇难。在他逝世 30 年后，海底扩张说和板块构造说出现，科学家们才终于承认大陆在漂移。

（2）海底扩张说

20 世纪 60 年代初，随着海底地质研究的发展，科学家赫斯和迪茨几乎同时提出了海底扩张说。海底扩张说表述如下：

地球内部的地幔物质在高温、高压下，缓慢循环流动形成对流。当地幔上升流遇到大洋地壳时，洋底处会形成大洋中脊。灼热的地幔岩浆从大洋中脊火山口向上涌升，逐渐冷却凝固，形成新的洋壳（图 1-7）。新生成的洋壳挤压大洋中脊两边已有的洋壳，不断向外扩张，最终在陆地地壳的交界边缘俯冲回到地幔中。也就是说，洋壳在大洋中脊生成，在大洋盆地运动，最后在海沟消亡。

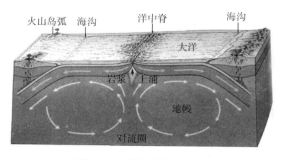

图 1-7 海底扩张示意图

海底扩张的速度非常缓慢，大约每年扩张 1～5cm，洋壳生成和消亡的周期约为 2 亿年。通过对大洋地壳的探测，大洋中脊的洋底年龄最小，然后向两侧逐渐递增。洋底最老的岩石不超过 2 亿年，比陆地上古老的岩石年轻得多。洋底年龄充分证实了海底扩张说。除此之外，海底扩张说的证据还包括洋底磁异常条带、转换断层和沉积物厚度等。

（3）板块构造说

1968 年，在大陆漂移说和海底扩张说的基础上，麦肯齐、派克、摩根和勒皮雄等人联合提出了板块构造说。板块构造说表述如下：

地球上的岩石圈不是整体一块，而是被分割成许多构造单元，这些构造单元称为板块。全球可分为亚欧板块、非洲板块、美洲板块、太平洋板块、印度洋板块和南极洲板块六大板块。这些岩石圈板块漂浮在软流层之上，随地幔物质对流缓慢运动。

板块内部相对稳定，很少发生形变，而板块边界则是全球最活跃的构造带。根据板块的运动趋势，可将板块边界分为离散型、汇聚型和守恒型三种基本类型。离散型边界受拉张力的作用，板块之间相互分离。例如，在大洋中脊，新形成的洋底向两侧推移，就属于离散型边界；汇聚型边界受挤压力作用，板块之间相互汇聚。当大陆板块相互碰撞时，会形成山脉。例如，印度洋板块和亚欧板块挤压形成喜马拉雅山。当大陆板块和大洋板块相互碰撞时，大洋板块向下俯冲，形成海沟，大陆板块向上隆起，形成岛弧；守恒性边界的板块运动方向与边界平行，使得板块之间水平错位。守恒型边界既不产生岩石圈，也不削减岩石圈。

板块运动及其相互作用导致了目前的海陆分布格局、地球表面形态的变化、全球山脉的形成、地震、火山和构造活动等。板块构造说集大陆漂移说和海底扩张说为一体，成功解释了全球性的构造特征和形成机理。这三个学说不是相互矛盾的，而是相互完善、补充的。

【例题 1】科学家在喜马拉雅山上发现了海洋生物化石，你能给出合理的解释吗？

答：20 亿年前，喜马拉雅山的广大地区是一片汪洋大海。直到 3000 万年前，由于地壳运动，亚欧板块和印度洋板块相互碰撞。两个板块的强烈挤压，产生褶皱，隆起成山，从而形成了世界海拔最高的山峰——喜马拉雅山。因此，喜马拉雅山上会有海洋生物化石。

1.2.3 大洋沉积

大洋沉积是指通过物理、化学和生物沉积作用形成的洋底沉积物。根据沉积物的成因，可将大洋沉积分为陆源碎屑、冰川沉积、火山碎屑、远洋黏土、钙质生物沉积和硅质生物沉积六种主要类型。其中，陆源碎屑、冰川沉积、火山碎屑和远洋黏土属于非生物成分，钙质生物沉积和硅质生物沉积属于生物成分。

陆源碎屑：陆源区岩石经物理风化或机械破坏而形成的碎屑物质；冰川沉积：陆地冰川裹挟的碎屑物质沉落到海底；火山碎屑：火山喷出的岩浆冷凝碎屑，以及火山通道的岩石碎屑；远洋黏土：生物遗骸含量小于30%的红褐色细粒泥质沉积物的总称；钙质生物沉积：碳酸钙含量大于30%，陆源黏土、粉砂含量小于30%的远洋沉积物；硅质生物沉积：生物骨屑含量大于50%，硅质生物遗骸大于30%的远洋沉积物。

1.2.4　海底资源

海洋底部经过长时间的沉积作用形成了丰富的资源。在陆地矿物资源已趋枯竭的今天，开发和利用海底矿物资源显得尤为重要。海底矿物资源主要包括滨海砂矿、磷钙石、海绿石、锰结核、富钴结壳、海底油气和天然气水合物等。

滨海砂矿是在滨海地带富集成的矿产。由于开采方便，选矿技术简单，投资小，滨海砂矿是开发最早的海底矿产资源；磷钙石是一种富含磷的海洋自生磷酸盐矿物［图1-8（a）］。磷钙石可作为制造磷肥、纯磷和磷酸的原料；海绿石是一种在海底生成并含水的钾、铁、铝硅酸盐自生矿物。海绿石呈浅绿、黄绿或深绿色，可从中提取钾，也可用作净化剂、玻璃染色剂和绝热材料［图1-8（b）］。

锰结核是一种铁、锰氧化物的集合体。锰结核呈黑色或棕褐色，外形呈球状或块状，含有锰、铜、钴和镍等30多种金属元素［图1-8（c）］。富钴结壳是一种皮壳状铁锰氧化物和氢氧化物。富钴结壳呈黑色或黑褐色，生长在海底岩石或岩屑表面，含有丰富的钴、锰、铂和稀土元素等［图1-8（d）］。

(a)

(b)

(c)

(d)

图1-8　（a）磷钙石　（b）海绿石　（c）锰结核　（d）富钴结壳

海底油气是埋藏在海底的石油和天然气，是目前最重要的海底矿物资源。石油是一种成分复杂的碳氢化合物的混合物，以液体形式埋藏于地下。天然气是天然蕴藏于地层中，以烃（烃是只由碳和氢两种元素组成的有机化合物）为主体的混合气体。石油和天然气都是由古代生物遗骸经过漫长时间转化而成，也都是目前人类的主要能源。全球海底油气资源丰富，海底石油资源量约为 1350 亿 t，占全球石油资源总量的 34%。海底天然气储量约为 140 万亿 m^3，占全球天然气储量的一半以上。全球已发现的海洋油气田 1600 多个，主要分布在大陆架和大陆坡，至少有 40 多个国家已经开采海底石油和天然气。我国近海也有着丰富的油气资源，海底石油资源量约为 246 亿 t，天然气储量约为 15.8 万亿 m^3。

天然气水合物是由天然气和水结合而形成的冰晶状固体化合物，化学式为 $CH_4 \cdot nH_2O$。天然气水合物外观像冰，遇火即可燃烧，所以又称可燃冰。可燃冰是一种极具发展潜力的新能源，主要优势为能效高和污染小。$1m^3$ 的可燃冰可分解出 $164m^3$ 的甲烷气体。同等条件下，可燃冰产生的能量比煤和石油要高出数十倍。可燃冰燃烧后几乎不产生任何粉尘和有害气体，造成的污染比煤、石油和天然气都要小得多。

可燃冰广泛分布于陆地的永久冻土和海底沉积物中，97% 的可燃冰位于海底。全球已发现的可燃冰分布区超过 110 多处，面积达 4000 万 km^2，至少够人类使用 1000 年。可燃冰的发现，让未来可能陷入能源危机的我们看到了新的希望。

我国的可燃冰资源非常丰富，广泛分布于南海海域、东海海域、青藏高原冻土带和东北冻土带。在可燃冰开采技术上，我国也走在了世界的前列。2017 年 7 月 9 日，我国首次试采可燃冰获得成功，连续试气点火 60 天，累计产气 30.9 万 m^3，产气时长和总量打破了之前的世界纪录。

1.3 我国近海地学环境

我国近海地学环境这一节，简要介绍了我国的河流、海岸、海峡、四大近海和海岛。

1.3.1 我国主要河流

我国有许多源远流长的大江大河，流域面积超过 $1000km^2$ 的河流就有 1500 多条。有注入海洋的外流河，也有与海洋不相沟通的内流河。下面分别介绍我国长江、珠江、黄河、黑龙江、松花江、辽河、雅鲁藏布江、澜沧江、怒江和汉江十大外流河。

（1）长江

长江发源于青藏高原，曲折向东流，最终注入东海。长江全长 6300km，是我国第一大河，也是亚洲最长的河流及世界第三长河。长江流域面积 180 多万 km^2，年入海水量约为 1 万亿 m³，占全国河流入海总水量的 1/3 以上。

（2）珠江

珠江发源于云贵高原，流经我国 6 个省区及越南北部，在下游注入南海。珠江是我国第二大河流，境内第三长河流，也是我国南方最大河系。珠江全长 2320km，年入海水量约为 3260 亿 m³，仅次于长江。

（3）黄河

黄河源于青海巴颜喀拉山，自西向东分别流经 9 个省区，最终注入渤海。黄河是我国第二长河，世界第六长河，也是中华文明最主要的发源地。黄河中段流经黄土高原地区，夹带了大量泥沙，所以河水呈黄色，并以此命名。黄河全长约 5464km，年平均径流量（一年内通过河流某一过水断面的平均水量）约 580 亿 m³，平均每年输入下游的泥沙达 16 亿 t，是世界上含沙量最多的河流。

（4）黑龙江

黑龙江位于亚洲东北部，流经蒙古、中国和俄罗斯，最终注入日本海和鄂霍次克海之间的鞑靼海峡。以海拉尔河为源头计算，黑龙江总长度约为 4440km，流域面积 185.6 万 km²，年径流量 3465 亿 m³。

（5）松花江

松花江发源于长白山天池，流经吉林、黑龙江两省，汇入黑龙江。松花江是黑龙江在中国境内最大的支流，全长 1927km，年径流量 762 亿 m³。

（6）辽河

辽河发源于河北省平泉县光头山，流经河北、内蒙古、吉林和辽宁 4 省区，最终注入渤海。辽河全长 1345km，年平均径流量约为 126 亿 m³。

（7）雅鲁藏布江

雅鲁藏布江发源于西藏喜马拉雅山的杰马央宗冰川，流经中国、印度和孟加拉国，最终注入孟加拉湾。雅鲁藏布江是我国最长的高原河流，也是地球上海拔最高的大河。雅鲁藏布江全长 2840km，中国部分长 2208km，年平均流量约为 1654 亿 m³。

（8）澜沧江

澜沧江发源于我国青海省，流经青海、西藏和云南 3 省区，出境后被东南亚各国称为湄公河。湄公河流经缅甸、老挝、泰国、柬埔寨和越南，在越南胡志明市附近注入南海。澜沧江—湄公河是世界第七长河，亚洲第三长河，东南亚第一长河。澜沧江—湄公河全长 4909km，在中国境内长 2139km，年平均径流量约为 740 亿 m³。

（9）怒江

怒江发源于我国青藏高原的唐古拉山，流入缅甸后改称萨尔温江，最后注入安达曼海。怒江—萨尔温江全长 3240km，中国部分 2013km，年平均径流量约为 700 亿 m³。

（10）汉江

汉江是长江的最大支流，发源于陕西省米仓山，流经陕西、湖北两省，在武汉市汇入长江。汉江全长 1577km，年平均径流量约为 245 亿 m³。

1.3.2 我国海岸和海峡

海岸是海洋与陆地的分界。我国海岸线全长 3.2 万 km，其中，岛屿海岸线约 1.4 万 km，大陆海岸线北起辽宁鸭绿江口，南至广西北仑河口，长达 1.8 万 km。

按照形态划分，海岸包括平原海岸、基岩海岸和生物海岸 3 种类型。平原海岸是地势低缓而平坦的海岸，分为三角洲海岸、淤泥质海岸和沙质海岸；基岩海岸是由岩石组成的海岸，分为岬湾海岸和断层海岸；生物海岸是由某种主要生物构成的海岸，分为珊瑚礁海岸和红树林海岸。海岸形态具体表述如下。

（1）三角洲海岸

由河流携带的泥沙堆积而成，位于河流入海口，如黄河三角洲、长江三角洲和珠江三角洲等。

（2）淤泥质海岸

由淤泥或含粉沙的淤泥构成，分布于我国辽东湾、渤海湾、莱州湾和苏北海岸等地，地势平坦开阔，海滩宽达几千米，甚至几十千米。

（3）沙质海岸

由砂和砾石组成，坡缓水清，适宜开辟海滨浴场，如海南岛的亚龙湾和广西北海的银滩等。

（4）岬湾海岸

海岬（深入海中的尖形陆地）和海湾相间，海岸线曲折。岬湾海岸巨石突兀，激浪拍岸，极具观赏价值，如海南的南天一柱和青岛的石老人等。

（5）断层海岸

海岸线平直而陡峭，多呈悬崖峭壁，分布于我国台湾岛东部沿岸。

（6）珊瑚礁海岸

由造礁珊瑚、有孔虫和石灰藻等生物残骸构成的海岸，主要分布在我国台湾岛、海南岛和南海诸岛沿岸。

（7）红树林海岸

由耐盐的红树林植物群落构成的海岸，分布于我国的广东、广西、福建、台湾及海南沿海。

我国主要有三大海峡：渤海海峡、台湾海峡和琼州海峡。渤海海峡位于山东半岛和辽东半岛之间，峡口宽度约 109km。渤海海峡是渤海的唯一出口，也是我国北方海防战略重地。台湾海峡位于福建与台湾岛之间，连通我国东海和南海。台湾海峡北口宽约 170km，南口宽约 293km，全长约 311km，平均深度约 60m。琼州海峡位于海南岛与雷州半岛之间，是进出北部湾的主要通道之一。琼州海峡全长 100~110km，宽 22~37km，平均水深 44m。

1.3.3 我国近海

我国近海位于我国大陆和北太平洋之间，总面积约 470 多万 km²。我国近海划分为 4 个海区，即渤海、黄海、东海和南海。

（1）渤海

渤海是我国的内海，是深入大陆的近封闭型浅海，经渤海海峡与黄海相通。渤海是我国面积最小、最浅的近海，面积约为 7.7 万 km²，平均水深 18m，最大水深 85m。渤海的主要海湾包括辽东湾、渤海湾和莱州湾，注入渤海的河流有黄河、辽河、滦河及海河等。

（2）黄海

黄海是太平洋西部的边缘海，位于我国大陆与朝鲜半岛之间。在黄河改道前，黄河长年向黄海注入大量泥沙，使海水呈黄褐色，因而得名。黄海面积约为 38 万 km²，平均水深 44 米。黄海的主要海湾包括胶州湾、海州湾、朝鲜湾和江华湾，注入黄海的河流主要有鸭绿江、淮河、大同江及汉江等。

（3）东海

东海位于我国上海、浙江和福建以东，太平洋以西，北接黄海，南经台湾海峡与我国南海相通。我国长江口启东角与韩国济州岛的连线是黄海和东海的分界线。东海面积约为 77 万 km²，平均水深 370m。东海的主要海湾有杭州湾、象山湾、三门湾和乐清湾等，注入东海的河流有长江、钱塘江、闽江、瓯江和浊水溪等。

（4）南海

南海北靠我国广东、广西和海南，西接中南半岛和马来半岛，东邻菲律宾群岛，南至加里曼丹岛和苏门答腊岛。南海是我国面积最大、最深的近海，面积约为 350 万 km²，平均水深 1212m，最大深度 5377m。南海的主要海湾有北部湾和泰国湾等，注入南海的河流有韩江、珠江、红河、澜沧江及湄南河等。

1.3.4 我国海岛

海岛是被海水环绕的小片陆地。一般面积大于 500m² 的陆地称为岛，面积小于 500m² 的陆地称为礁。我国海岛众多，面积 500m² 以上的岛约有 7372 个，总面积约为 8 万 km²。成群分布的岛屿称为群岛，排列成线或弧形的群岛称为列岛。

按成因划分，海岛可分为大陆岛、冲积岛和海洋岛，海洋岛又分为火山岛和珊瑚岛。大陆岛是大陆向海洋延伸并露出水面的岛屿，我国 90% 以上的岛屿属于大陆岛，如台湾岛和海南岛；冲积岛是河流泥沙淤积形成的岛屿，如崇明岛；火山岛是熔岩、火山灰等火山喷发物堆积形成的岛屿，如澎湖列岛和硇洲岛；珊瑚岛是珊瑚虫遗骸堆筑的岛屿，如西沙群岛和南沙群岛。我国主要海岛介绍如下。

（1）庙岛群岛

庙岛群岛又称长岛，面积约为 56km²，位于渤海海峡南部，是我国渤海门户、海防要地。庙岛群岛共有 32 座岛屿，包括北长山岛、南长山岛、庙岛和高山岛等。庙岛群岛气候宜人，自然风光秀丽，有望夫礁、月牙湾、九丈崖、林海峰山和仙境源等著名景点，被誉为"海上仙境"。

（2）长山群岛

长山群岛是黄海最大的岛群，位于辽东半岛东南边。长山群岛包括大长山岛、小长山岛、广鹿岛和獐子岛等，共 122 个岛屿和 260 多个礁。长山群岛属于典型的海蚀（海蚀是指海岸被海水侵蚀）地貌，有形状各异的海蚀洞，千姿百态的海蚀柱。长山群岛阳光充足，海水透明度强，水温适中，是重要的渔业基地，盛产鱼类、海参和牡蛎等。

（3）崇明岛

崇明岛是长江的泥沙沉积形成的岛屿，是我国第三大岛，也是我国最大的冲积岛。崇明岛现有面积 1200.68km²，人口约 82.15 万，海拔 3.5～4.5m。全岛地势平坦，土地肥沃，林木茂盛，物产富饶，是著名的鱼米之乡。崇明岛的著名景点有东滩候鸟保护区、东平国家森林公园、西沙湿地和明珠湖等。

（4）舟山群岛

舟山群岛岛礁众多，星罗棋布，位于浙江省东海水域。舟山群岛是我国第一大群岛，有大小岛屿 1390 个，总面积 1440km²，主要岛屿有舟山岛、普陀山、桃花岛、岱山岛、朱家尖岛和嵊泗列岛等。其中，舟山岛是舟山群岛政治、文化、交通和经济中心，也是我国第四大岛。舟山群岛西有长江、钱塘江、甬江等输入大量淡水并携带丰富的营养物质；东与台湾暖流等外海水混合，适宜鱼类觅饵和产卵，是我国最大的渔场，即舟山渔场。

（5）台湾

台湾位于我国东南海域，东临太平洋，西隔台湾海峡与福建省相望。台湾包括台湾岛、兰屿、绿岛和钓鱼岛等 21 个附属岛屿及澎湖列岛 64 个岛屿，总面积约为 3.6 万 km²。台湾人口约 2350 万，主要由最早定居在台湾的原住民和 17 世纪后迁入的汉族构成。台湾北部为亚热带季风气候，南部为热带季风气候，全年气候温暖，降水丰沛，夏季常有台风侵袭。

台湾和大陆本来连在一起，后来由于地壳运动，形成台湾海峡，台湾成为海岛。台湾早期原住民大部分是从祖国大陆直接或间接移居而来。1624 年，荷兰殖民者入侵台湾收购生丝、糖和瓷器，牟取高额利润并强迫人民缴纳各种租税。1662 年，南明将领郑成功赶走荷兰殖民者，收复台湾。1683 年，清政府派福建水师提督施琅击败郑成功的孙子郑克塽，统一了台湾。1885 年，清政府设立台湾省，首任台湾省巡抚刘铭传积极推行洋务运动，成为当时中国先进的省份之一。

1895 年，清政府签订丧权辱国的《马关条约》，将台湾岛及其附属岛屿割让给日本。日本对台湾实行同化政策，笼络台湾民众，统治台湾长达 50 年之久。1945 年，日本战败无条件投降，台湾重新回归祖国的怀抱。

（6）澎湖列岛

澎湖列岛位于台湾岛西部的台湾海峡中，因港外海涛澎湃，港内水静如湖而得名。1895 年，清政府和日本签订《马关条约》，澎湖列岛被割让给日本。1945 年，日本战败投降，澎湖列岛归还给国民政府。澎湖列岛由 64 个大小岛屿组成，总面积约为 128km²，目前隶属台湾地区管辖。澎湖列岛清澈的海水、鬼斧神工的玄武岩以及新鲜廉价的海鲜，让游客流连忘返。

（7）香港

香港是全球高度繁荣的国际大都会之一，由香港岛、九龙半岛和新界 3 大区域组成。香港陆地总面积 1104.32km²，总人口约 726.4 万人，人口密度居全球第三。中西方文化交融之地的香港，以廉洁的政府、良好的治安、自由的经济体系及完善的法制闻名于世。

鸦片战争之前，香港是我国的一个小渔村。1842 年，清政府与英国签署《南京条约》，香港岛被割让；1860 年，清政府与英国签署《北京条约》，九龙被割让；1898 年，清政府与英国签署《展拓香港界址专条》，新界被租借。第二次世界大战后，香港经济和社会迅速发展，成为继纽约、伦敦之后的全球第三大金融中心。1997 年 7 月 1 日，我国正式恢复对香港行使主权，香港成为我国的特别行政区之一。

（8）海南岛

海南岛长 240km，宽 210km，面积约为 3.44 万 km²，是仅次于台湾岛的我国第二大岛。海南岛曾经是大陆的一部分，后来因琼州海峡断裂陷落，而与雷州半岛分离。海南岛四周低平，中间高耸，以五指山和鹦哥岭为隆起核心，向外围逐级下降。海南岛地处热带北缘，属热带季风气候，年平均气温 22~27℃，雨量充沛，年平均降水量为 1639mm。海南岛的水产资源具有渔场广、品种多、生长快和渔汛期长等特点，是我国发展热带海洋渔业的理想之地。

（9）东沙群岛

南海诸岛是南海许多岛礁的总称，按其地理位置分为东沙群岛、西沙群岛、中沙群岛和南沙群岛（图 1-9）。东沙群岛是南海诸岛中离大陆最近、岛礁最少的一组群岛，主要由东沙岛、东沙礁、南卫滩和北卫滩组成，其中东沙岛是唯一露出海面的岛屿。

东沙群岛是南海诸岛中最早被开发的群岛。早在晋朝，东沙群岛已被中国人所认识。1730 年，东沙群岛正式纳入中国版图；1907 年，日本商人西泽吉治聚众占领东沙岛；1909 年，清政府经过交涉，日本归还东沙岛；1937 年，日本占领东沙群岛；1946 年，国民政府派遣海军军舰收回东沙群岛，成为捍卫南疆的重要堡垒。

（10）西沙群岛

西沙群岛位于南海西北部，在海南岛和中沙群岛之间，隶属海南省三沙市。西沙群岛由永乐群岛和宣德群岛组成，共有 22 个岛屿和 7 个沙洲（四面环水露出水面

中国地图

图 1-9　竖版中国地图

的沙地），另有 10 多个暗礁（接近海面的珊瑚礁体）和暗滩（水面以下较深处的珊瑚礁滩地）。永乐群岛主要由鸭公岛、珊瑚岛、晋卿岛、广金岛、琛航岛和金银岛等岛屿组成。宣德群岛主要由永兴岛、石岛、赵述岛、北岛、中岛、南岛和东岛等岛屿组成。永兴岛是西沙群岛中最大的岛屿，陆地面积约 3.2km²。永兴岛是中华人民共和国海南省三沙市人民政府驻地，岛上设施齐全，有码头、银行、邮局、商店和机场等。

　　自唐朝以来，中国便实现了对西沙群岛的实际管辖。1909 年，广东水师提督李准巡航西沙群岛，建塔立碑以示主权；1932 年，西沙群岛的永兴岛被法国控制；1939 年，日本完全占领西沙群岛；1946 年，国民政府收复西沙群岛，重新竖立主权碑；1950 年，中国人民解放军进驻西沙永兴岛；1974 年，中国和南越（南越即越

18

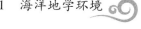

南共和国，1955 年在美国支持下成立，1975 年被推翻）之间爆发西沙海战，中国人民解放军取得胜利。至此，中国实际管辖、控制了整个西沙群岛。

（11）中沙群岛

中沙群岛是南海诸岛中位置居中的群岛，几乎全部隐没于海面以下。中沙群岛包括西侧的中沙大环礁、南侧的中南暗沙、东侧的宪法暗沙和黄岩岛等。黄岩岛，也称民主礁，是中沙群岛中唯一露出水面的岛礁。中国最早发现并命名黄岩岛，黄岩岛海域一直是我国渔民的捕鱼场所，元朝科学家郭守敬在黄岩岛进行了"四海测验"；1990 年，中国在黄岩岛设立主权碑；1997 年，菲律宾夺取了黄岩岛的控制权，并炸毁了黄岩岛的中国主权标志；2009 年，菲律宾将黄岩岛划入其领土；2012 年，中国和菲律宾在黄岩岛对峙，菲律宾船只因台风天气全部撤离黄岩岛。目前，黄岩岛在中国的实际控制之下。

（12）南沙群岛

南沙群岛位于南海南部，西邻越南，东邻菲律宾，北与中沙、西沙及海南岛相望，南临马来西亚、文莱。南沙群岛是南海诸岛中位置最南、岛礁最多、散布最广的群岛。南沙群岛由太平岛、中业岛、南威岛、南钥岛、景宏岛和费信岛等 25 个岛屿，仁爱礁、鬼喊礁、南薰礁和六门礁等 128 座明、暗礁，曾母暗沙、金盾暗沙、榆亚暗沙和奥南暗沙等 77 座暗沙（暗沙是指表面沉积有沙砾、贝壳等松散碎屑物质的暗礁）组成。南沙群岛领土主权属于中华人民共和国，行政管辖属海南省三沙市。

我国最早发现、命名南沙群岛，并持续对南沙群岛行使主权管辖。第二次世界大战期间，日本发动侵华战争，占领了我国大部分地区，包括南沙群岛。《开罗宣言》和《波茨坦公告》及其他国际文件明确规定，日本窃取的中国领土应归还中国，包括南沙群岛。1946 年 12 月，国民政府指派高级官员赴南沙群岛，在岛上举行接收仪式，并立碑纪念，派兵驻守。战后相当长时期内，南海周边的地区，没有任何国家对中国在南沙群岛及其附近海域行使主权提出过异议。

20 世纪 70 年代开始，越南、菲律宾、马来西亚等国以军事手段占领南沙群岛部分岛礁，在南沙群岛附近海域进行大规模的资源开发活动，并提出主权要求。1988 年 3 月 14 日，中国海军与越南海军在南沙群岛赤瓜礁海域发生海战，中国海军获得了胜利。南沙海战后，永暑礁、赤瓜礁、华阳礁、东门礁、南薰礁和渚碧礁6 个岛礁相继被收复。

目前，南沙群岛的部分岛礁仍被越南、菲律宾、马来西亚、文莱等国非法侵占，对此中国政府一再严正声明，其他国家侵占南沙群岛的行为，是对中国领土主权的严重侵犯，是非法的、无效的。

【例题 2】新版中国地图在 2013 年 1 月，以竖版的形式正式和大家见面，如图1-15 所示。竖版地图与之前的横版地图（图 1-10）有什么区别？发布竖版中国地图有什么意义？

中国地图

图 1-10　横版中国地图

答：竖版地图与横版地图的主要区别：（1）之前沿用的横版中国地图给人以错觉，以为中国东西长，南北短。其实相反，中国的南北相距 5500 多 km，东西相隔5200 多 km。（2）以往在横版中国地图里作为缩略图放在右下角的"南海诸岛"插图，在竖版地图中被同比例展示，在地图上可以清楚地看到南海诸岛内的主要岛屿、岛礁。

竖版地图的意义：竖版中国地图给读者更为完整、直观的中国版图概念，不会再误以为国家领土有"主次"之分，对捍卫国家海洋权益和提升国民海洋意识均至关重要。

习题

1. 下面哪个海是印度洋的附属海？（　　）

A. 东海　　　　　　B. 红海　　　　　　C. 北海　　　　　　D. 白令海

2. 下面哪个海是大西洋的附属海？（　　）

A. 东海　　　　　　B. 红海　　　　　　C. 北海　　　　　　D. 白令海

3. 德雷克海峡是世界上最宽的海峡，位于南美洲合恩角与南极洲南设得兰群岛之间。请问德雷克海峡连接了哪两个大洋？（　　）

A. 太平洋和大西洋　　　　　　　　　　B. 太平洋和印度洋

C. 大西洋和印度洋　　　　　　　　　　D. 北冰洋和太平洋

4. 白令海峡连接了哪两个大洋？（　　　）

A. 太平洋和大西洋　　　　　　　　　　B. 太平洋和印度洋

C. 大西洋和印度洋　　　　　　　　　　D. 北冰洋和太平洋

5. 目前我国已成为石油净进口国，将石油从波斯湾运至上海港，路程最短的航线要依次经过？（　　　）

A. 霍尔木兹海峡、曼德海峡、马六甲海峡

B. 曼德海峡、马六甲海峡、台湾海峡

C. 马六甲海峡、霍尔木兹海峡、琼州海峡

D. 霍尔木兹海峡、马六甲海峡、台湾海峡

6. "沧海桑田"这个成语的原意是指（　　　）。

A. 时间的流逝　　　B. 人世间的沧桑　　　C. 海陆变迁　　　D. 围海造田

7. 海河是中国华北地区的最大水系，中国七大河流之一，最后汇入哪里？（　　　）

A. 渤海　　　　　　B. 黄海　　　　　　C. 东海　　　　　　D. 南海

8. 钱塘江流经安徽省和浙江省，流域面积 55058km²，最后汇入哪里？（　　　）

A. 渤海　　　　　　B. 黄海　　　　　　C. 东海　　　　　　D. 南海

9. 下面哪条河流注入了我国近海？（　　　）

A. 韩江　　　　　　B. 怒江　　　　　　C. 黑龙江　　　　　D. 塔里木河

10. 我国大陆海岸线的起点和终点所属省区是？（　　　）

A. 黑龙江和广东　　B. 河北和云南　　C. 吉林和广西　　D. 辽宁和广西

11. 广西北海银滩属于哪种海岸？（　　　）

A. 沙质海岸　　　　B. 岬湾海岸　　　　C. 断层海岸　　　　D. 淤泥海岸

12. 清水断崖位于台湾东部的花莲县，属于哪种海岸？（　　　）

A. 沙质海岸　　　　B. 岬湾海岸　　　　C. 断层海岸　　　　D. 淤泥海岸

13. 莱州湾位于我国哪个海？（　　　）

A. 渤海　　　　　　B. 黄海　　　　　　C. 东海　　　　　　D. 南海

14. 我国四大近海海域中，水温受大陆影响最大的是（　　　）。

A. 渤海　　　　　　B. 黄海　　　　　　C. 东海　　　　　　D. 南海

15. 我国的三大海峡不包括（　　　）。

A. 台湾海峡　　　　B. 琼州海峡　　　　C. 渤海海峡　　　　D. 巴士海峡

16. 某岛屿的面积为 0.004km²，请问该岛屿按面积属于哪种陆地？（　　　）

A. 大陆　　　　　　B. 洲　　　　　　　C. 岛　　　　　　　D. 礁

17. 我国面积最大的 4 个海岛依次是（　　　）。

A. 台湾岛、海南岛、崇明岛、涠洲岛　　B. 台湾岛、海南岛、东海岛、金门岛

C. 台湾岛、海南岛、崇明岛、海坛岛   D. 台湾岛、海南岛、崇明岛、舟山岛

18. 我国面积最大的珊瑚岛是( )。

    A. 台湾岛   B. 崇明岛   C. 永兴岛   D. 永暑礁

19. 海南岛属于哪种海岛?( )

    A. 大陆岛   B. 火山岛   C. 珊瑚岛   D. 冲积岛

20. 澳大利亚的大堡礁属于哪种海岛?( )

    A. 大陆岛   B. 火山岛   C. 珊瑚岛   D. 冲击岛

21. 下面哪个群岛属于火山岛?( )

    A. 长山群岛   B. 庙岛群岛   C. 舟山群岛   D. 澎湖列岛

22. 崇明岛属于哪种海岛?( )

    A. 大陆岛   B. 火山岛   C. 珊瑚岛   D. 冲击岛

23. 台湾岛与大陆隔海相望的省份是( )。

    A. 广东   B. 浙江   C. 江苏   D. 福建

24. 我国台湾岛的地势特点是( )

    A. 东高西低   B. 东低西高   C. 北高南低   D. 北低南高

25. 我国最大的群岛是( )。

    A. 长山群岛   B. 舟山群岛   C. 西沙群岛   D. 南沙群岛

26. 我国海岛最少和最多的海域分别是( )。

    A. 渤海,东海   B. 黄海,东海   C. 渤海,南海   D. 黄海,南海

27. 《舌尖上的中国》介绍了獐子岛海洋牧场人与生态和谐生存,以及当地百姓用鲍鱼、海参、扇贝等海珍作为食材,烹制美食盛宴的故事。獐子岛位于下面哪个群岛?( )

    A. 长山群岛   B. 舟山群岛   C. 西沙群岛   D. 庙岛群岛

28. 下面哪个群岛是由于《马关条约》被割让给了日本?( )

    A. 南沙群岛   B. 舟山群岛   C. 东沙群岛   D. 澎湖列岛

29. 东沙群岛目前在谁的实际控制之下?( )

    A. 中华人民共和国   B. 我国台湾地区   C. 越南   D. 菲律宾

30. 三沙市政府位于哪里?( )

    A. 东沙岛   B. 永暑礁   C. 永兴岛   D. 太平岛

31. 备受国人关注的黄岩岛位于哪个群岛?( )

    A. 东沙群岛   B. 西沙群岛   C. 中沙群岛   D. 南沙群岛

32. 永兴岛位于哪个群岛?( )

    A. 永乐群岛   B. 宣德群岛   C. 南沙群岛   D. 东沙群岛

33. 西沙海战是中华人民共和国与哪一方发生的战斗?( )

    A. 我国台湾地区   B. 北越   C. 南越   D. 菲律宾

34. 下面哪个群岛不在三沙市的管辖范围之内?( )

A. 东沙群岛　　　　B. 西沙群岛　　　　C. 中沙群岛　　　　D. 南沙群岛

35. 1988年的3·14海战是中华人民共和国与_____，在_____发生的海战。

A. 越南，西沙群岛　　　　　　　　B. 越南，南沙群岛

C. 菲律宾，中沙群岛　　　　　　　D. 菲律宾，南沙群岛

36. 按照海所处的位置可将其分为陆间海、内陆海和边缘海，则东海属于_____，渤海属于_____，地中海属于_____。

37. 稳定型大陆边缘广泛出现于大西洋和印度洋边缘地区。根据坡度和深度可划分为_____、_____和_____ 3个部分。活动型大陆边缘集中分布在太平洋东西两侧，可分为_____和_____两种类型。

38. 海洋沉积是指通过物理、化学和生物沉积作用所形成的海底沉积物的总称。按沉积物的成因可将其分为钙质生物沉积、硅质生物沉积、_____、_____、_____和_____六种主要类型。

39. 简述大陆漂移、海底扩张和板块构造学说以及它们之间的关系。

40. 什么是基岩海岸？分为哪些类型？

41. 自2014年2月开始，我国在永暑礁、南薰礁、赤瓜礁、华阳礁和东门礁等岛礁进行了史无前例的大规模填海造岛。你认为是否有必要在南沙群岛填海造岛？为什么？

42. 目前，我国南沙群岛的大部分岛礁被外国占领，各国之间矛盾重重，南海问题非常复杂。你对此有何建议？

2 海洋物理环境

2.1 海水的物理要素

海水是一种成分复杂的混合液体，包括水、无机盐、气体、有机物和悬浮质等。海水的物理性质与淡水有相似之处，但由于无机盐的存在又有许多不同。

2.1.1 压强

压强是指物体所受压力与受力面积的比值。对于海水来说，由于受到重力作用，海水对其底部存在一定的压力。海水的压强（p）等于海水给予的压力（F）除以海水底部的面积（S），公式表达如下：

$$p = \frac{F}{S} = \frac{G}{S}$$

其中，G 为海水所受到的重力。一般情况下，重力等于质量（m）乘以重力加速度（g），而质量等于密度（ρ）乘以体积（V），即

$$p = \frac{mg}{S} = \frac{\rho V g}{S}$$

海水的体积等于海水底部的面积乘以海水的深度（h），即：

$$p = \frac{\rho S h g}{S}$$

化简后，得到

$$p = \rho g h \tag{2.1}$$

当海水的密度为常数时，海水所产生的压强满足上述公式。

压强的国际单位为帕斯卡，简称帕（Pa）。压强的常用单位还有百帕（hPa）、巴（bar）和分巴（dbar）等。它们之间的单位换算如下：

$$1hPa = 100Pa$$

$$1bar = 10^5 Pa$$

$$1dbar = 0.1bar = 10^4 Pa$$

【例题1】海水的密度约为 $10^3 kg/m^3$，重力加速度约为 $10m/s^2$，深度为 100m 的海水所产生的压强为多少分巴？

答：$p = \rho g h = 10^3 \times 10 \times 100 = 10^6 Pa = 10bar = 100dbar$

深度为 100m 的海水所产生的压强为 100 dbar。

2.1.2 温度和位温

在宏观上，温度表示物体的冷热程度；在微观上，温度表征分子的平均动能。温度越高，分子热运动越剧烈，分子的平均动能越大。温度的国际单位是开尔文（K），以开尔文为单位的温度称为热力学温度。热力学温度（T）和生活中常用的摄氏温度（t）之间的关系如下：

$$T = t + 273.15 \qquad\qquad (2.2)$$

当 $T = 0$ K 时，称为绝对零度，相当于 $-273.15℃$。绝对零度下，分子的平均动能为零，分子的热运动停止。根据热力学第三定律，绝对零度是无法达到的，只能无限接近。

在海洋科学中，除了用温度表示海水冷热外，还常用到位温这个物理量。位温是指海水绝热上升到海面的温度，绝热即隔绝热量的交换。为什么要将海水绝热上升到海面？这是因为温度会受压强影响，即同一海水微团在不同压强下，温度会不同。对于两个不同压强下的海水微团，要比较它们之间的温度高低，则要将两个海水微团绝热上升到海面，再去比较它们的温度。这就类似于两个学生站在不同高度的楼梯上，如果想要比较他们的身高，就要让他们站在同一水平面上，再去比较这两个学生的身高。

2.1.3 盐度

海水的盐度表示海水中无机盐浓度的多少，是描述海水特性的基本物理量之一。但精确测定海水的无机盐浓度十分困难，目前存在绝对盐度、盐度、氯度和实用盐度等多种定义。

绝对盐度是指海水中溶解物质质量与海水总质量的比值。由于海水中溶解物质质量无法直接测量，科学家在实际应用中引入了盐度的定义。盐度是指 1kg 海水中的碳酸盐全部转换成氧化物，溴和碘以氯代替，有机物全部氧化后所剩固体的总克数，单位为 g/kg。由于按照上述方法测定盐度相当烦琐，科学家又提出了氯度的定义。

1891 年，马赛特发现了海水组成恒定性，即海水中的主要成分浓度比例近似恒定。海水中的主要成分以离子形式存在于水中，包括硫酸根、碳酸根、硼酸根、氯、溴、氟、钠、镁、钙、钾和锶等离子。根据海水组成恒定性，只要测出其中一种主要成分的含量，便可按比例求出其他成分的含量，从而求出海水的盐度。氯度就是通过测量海水中氯的含量来计算盐度。

随着盐度测定方法的不断变化和改进，科学家在 1978 年提出了实用盐度。实用盐度是通过测量海水的电导率、温度和压强，根据经验公式，计算海水的盐度。实用盐度的单位包括 psu、g/kg 和‰，它们之间的换算如下：

$$1psu = 1g/kg = 1‰$$

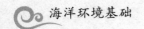

目前，实用盐度的使用最为广泛。

2.1.4 密度

海水的密度为单位体积内海水所含有的质量，国际单位为 kg/m³。海水的密度取决于海水的温度、盐度和压强。通常情况下，海水的温度越高，热膨胀越大，密度越小；海水的盐度越高，密度越大。例如，淡水的密度为 1000kg/m³，而海水由于存在一定的盐度，平均密度大于淡水，约为 1025kg/m³。根据公式（2.1），压强与密度成正比，海水压强越大，密度越大。海水密度与温度、盐度和压强之间的经验关系式称为海水状态方程。

海水的比容等于密度的倒数，即

$$\alpha = \frac{1}{\rho} \tag{2.3}$$

其中 α 为海水的比容，单位为 m³/kg。

密度超量为海水的密度减去淡水的密度，即

$$\gamma = \rho - 1000 \tag{2.4}$$

其中 γ 为密度超量，单位与密度相同，均为 kg/m³。

2.1.5 比热容、沸点和冰点

海水的比热容是指单位质量海水温度每升高 1℃所吸收的热量，单位 J/（kg·℃）。比热容的计算公式如下：

$$c_p = \frac{Q}{m\Delta t} \tag{2.5}$$

海水的比热容约为 $3.89×10^3$ J/（kg·℃），而空气的比热容约为 $1×10^3$ J/（kg·℃），海水的比热容大于空气。在相同质量下，海水每升高（或降低）1℃，吸收（或释放）的热量更大。而在相同热量下，海水的温度变化缓慢，空气的温度变化剧烈。

海水的沸点是指海水沸腾时的临界温度。海水沸点随海水盐度的升高而升高，盐度每升高 10psu 时，海水的沸点温度升高约 0.16℃。在海底火山或海底热泉附近，海水的温度能达到沸点。

海水的冰点是指海水由液态变为固态时的温度。海水的冰点低于淡水，一般在 −2℃到−1℃之间，盐度越高，冰点越低。利用这一特性，我国北方常采用撒盐的方式，防止道路结冰。

2.1.6 海水的光学特性

光是一种电磁波，人的眼睛能够看到的可见光属于波长在 400~760nm 的电磁波（1nm=10^{-9}m）。光的波长决定了光的颜色，随着波长由大到小，光的颜色依次为红、橙、黄、绿、蓝、靛、紫。光的强弱程度可以用光强来表示，光强越大，光源越亮；相反，光强越小，光源越暗。

　　当光照射入海水中，海水接收到的光强随深度的增加呈指数衰减。引起光衰减的原因主要为光的吸收和散射。其中，光的吸收是指光能转换成其他形式的能量，从而减少。光的散射是指光波照射到介质中的粒子时发生相互作用，导致光线偏离入射方向而向四面八方散开的现象。

　　光的散射分为米氏散射和瑞利散射两种。米氏散射是指半径较大的粒子对自然光的散射，如大气中的尘埃、水滴及海洋中的悬浮粒子。米氏散射的散射光强与波长几乎无关。例如，云中的小水滴对自然光的散射属于米氏散射，各波长的散射光强大致均等，所以，晴空中的云呈白色。

　　瑞利散射是指半径远小于光的波长的粒子对自然光的散射，如大气分子和水分子。瑞利散射的散射光强与波长的四次方成反比，即波长越小，散射越强；波长越大，散射越弱。当红光照射入海水后，由于波长大，散射弱，海面上的人接收不到红光（图2-1）。而当蓝光照射入海水后，由于波长小，散射强，海面上的人能够接收到蓝光。正是由于这个原因，通常看到的海水颜色是蓝色的。

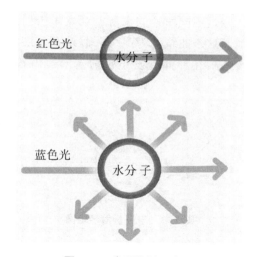

图 2-1　瑞利散射示意图

　　从海面以上看到的海水颜色称为海色。海色因海水的状况和天空的颜色而发生变化。清洁的大洋水呈深蓝色，含泥沙的沿岸水呈黄色，叶绿素含量较高的水呈绿色，傍晚夕阳下的海水偏红色。

　　海水的颜色通常采用水色计和透明度盘进行测量。水色计分为21种颜色，由深蓝色到深黄色，号码依次递增。即号码越小，水色越蓝；号码越大，水色越黄。透明度盘通常为白色或黑白相间的圆盘，能够测量海水的透明度。透明度的常用测量方法为，将透明度盘垂直沉入水中，直至刚好看不到为止，此时圆盘下沉的深度即为透明度。通常远离陆地的海域水色小，透明度高，靠近陆地的海域水色大，透明度低。

2.1.7　海水的声学特性

声音由物体振动产生，以波的形式在介质中传播。声波是一种机械波，机械波与电磁波的不同之处主要在于机械波由机械振动产生，而电磁波由电磁振荡产生。电磁波在水中衰减很快，仅仅穿透数米就会丢失所有能量，而声波能传播几百公里而没有明显的吸收和损失。因此，通常采用声波进行水下目标定位、水文探测和水声通信等。

人耳可以听到的声波，频率一般在 20~20000Hz。频率低于 20Hz 的声波为次声波，地震、海啸、火山爆发和海上风暴等都会发出次声波。频率高于 20000Hz 的声波为超声波，自然界的蝙蝠、鲸鱼和海豚等生物，都能够发射和接收超声波。声音的大小与振动的强弱有关，通常以分贝为单位来衡量。

声波的传播速度为声速，声速的大小与海水的温度、盐度和压强有关。由于海洋是非均匀介质，声波在其间传输，各处的声速也不同。淡水的声速为 1450m/s，海水的声速大于淡水，通常在 1450~1540m/s 范围内。

声波在海洋中传播，经过不同声速的水层，会发生折射现象，即声波不是沿直线传播，而是沿一条曲线，这条曲线称为声线。假设有两层海水，声速分别为 v_1 和 v_2，声波从上层向下层传播，在界面处发生折射，入射角和折射角分别为 i_1 和 i_2，如图 2-2 所示。

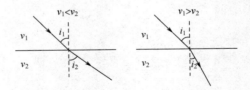

图 2-2　声线折射示意图

根据折射定律，有

$$\frac{\sin i_1}{\sin i_2} = \frac{n_2}{n_1} \tag{2.6}$$

其中 n_1 为上层海水的折射率，n_2 为下层海水的折射率。根据折射率公式，即

$$n = \frac{c}{v} \tag{2.7}$$

其中，c 为常数，v 为声速。将公式（2.7）代入公式（2.6），化简后得到

$$\frac{\sin i_1}{\sin i_2} = \frac{v_1}{v_2} \tag{2.8}$$

当 $v_1 < v_2$ 时，$\sin i_1 < \sin i_2$，$i_1 < i_2$，声线向上层（声速小的水层）弯曲。当 $v_1 > v_2$ 时，$\sin i_1 > \sin i_2$，$i_1 > i_2$，声线向下层（声速小的水层）弯曲。也就是说，当上下水层声速不同时，声线总是向声速小的水层弯曲。

在声速极小值处发出的声波，如图 2-3 所示。由于声线向声速小的水层弯曲，声速极小值所在的水层，声音传播距离最远，能量损失最小。声速极小值所在的深度称为声道轴。海面附近的声道轴称为表面声道，而水下较深处的声道轴称为水下声道。声波在水下声道传播时非常稳定，由于海面波浪等原因，在表面声道传播时往往传输不稳定。

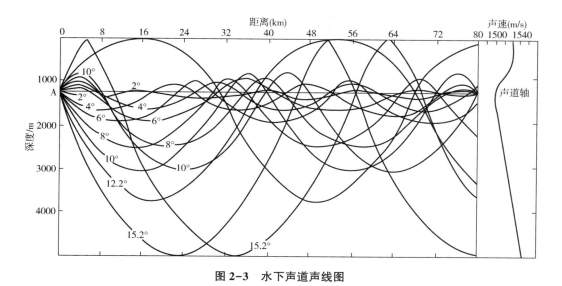

图 2-3　水下声道声线图

2.2　大洋的热量与水量平衡

2.2.1　大洋的热量平衡

（1）太阳辐射

热量是从高温向低温传递的能量，大洋的热量主要来自于太阳辐射。太阳的表面温度约为 5500℃，它以电磁波的形式向太空辐射巨大的能量。地球每年接受的太阳辐射能量约为 $5.5×10^{24}$ J，相当于人类全年消耗各种能源的 87000 倍。太阳辐射能量集中在波长 $0.15~4.00\mu m$（$1\mu m=10^{-6}m$），其中可见光的能量占 44%，红外线占 47%，紫外线占 9%。

根据维恩定律，辐射的波长（λ）与辐射体的绝对温度（T）成反比，即

$$\lambda = \frac{C}{T} \tag{2.9}$$

其中，$C=2898\mu m·K$，是一个常数。由于太阳的温度高，辐射的波长小，因此，太阳辐射属于短波辐射。

太阳辐射到达地球时，部分能量被大气反射、散射回宇宙空间，部分能量通过

大气层时被吸收（图2-4）。到达海面的太阳辐射与日照时间、天气状况和太阳高度角等因素有关。日照时间长，海面获得的太阳辐射多；日照时间短，海面获得的太阳辐射少。晴朗的天气，云层少且薄，大气对太阳辐射的吸收和反射作用弱，到达海面的太阳辐射强；反之，阴雨的天气，到达海面的太阳辐射弱。

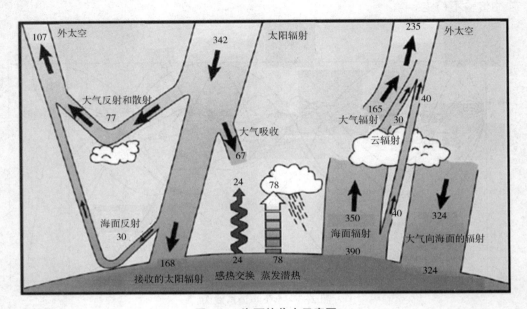

图 2-4　海面热收支示意图

太阳高度角是指太阳光的入射方向和地平面之间的夹角，范围在 0°~90°（图2-5）。太阳高度角因时间和地点的不同而不同，正午的太阳高度角大于早上和傍晚，夏季的太阳高度角大于冬季，低纬地区的太阳高度角大于高纬度地区。太阳高度角越大，单位面积上获得的热量越多，接收到的太阳辐射越强；反之，太阳高度角越小，单位面积上获得的热量越少，接收到的太阳辐射就越弱。海面接收到的太阳辐射主要受太阳高度角决定。从低纬到高纬，太阳高度角减小，太阳辐射也逐渐减小。

【例题2】《两小儿辩日》中一个小孩说："日初出沧沧凉凉，及其日中如探汤，此不为近者热而远者凉乎？"根据太阳辐射的影响因素，分析这个小孩的说法是否正确。

答：这个小孩认为早上太阳离我们远，所以凉快；中午太阳离我们近，所以热。这是不正确的。早上和中午的温差，不是距离的原因，而是角度的不同。早上太阳高度角小，接收到的太阳辐射弱，所以凉快；中午太阳高度角大，接收到的太阳辐射强，所以热。

（2）海面有效回辐射

与太阳类似，海面也会发出辐射，但是海面的温度相对较低，辐射的波长较大，

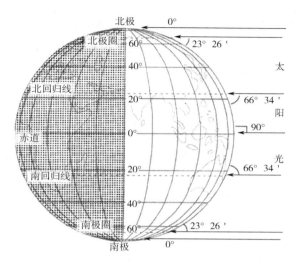

图 2-5 太阳直射赤道时正午的太阳高度角

属于长波辐射。海面向外发出的长波辐射，大部分被大气所吸收（图2-4）。大气也向四周发出长波辐射，部分大气辐射进入外太空，部分到达海面。所谓海面有效回辐射是指海面的长波辐射与大气向海面的长波辐射之差。总体而言，海面的长波辐射值更高，所以，海面有效回辐射导致海洋向外辐射热量。

【例题3】 当海表面温度为16.65℃时，所发出的辐射属于长波辐射还是短波辐射？辐射的波长是多少？

答：海表面所发出的辐射属于长波辐射。

根据公式（2.2）和公式（2.9），得出

$$\lambda = \frac{C}{T} = \frac{2898\mu m \cdot K}{16.65 + 273.15K} = \frac{2898\mu m \cdot K}{289.8K} = 10\mu m = 10^{-5}m$$

因此，辐射的波长为10μm或10^{-5}m。

（3）蒸发潜热

海面蒸发是指海水变成水汽的过程。由于蒸发吸热，海面的部分热量以潜热的形式被带入大气，这种热量交换称为蒸发潜热。海面平均每年蒸发掉约126cm厚的海水，因此，蒸发使海面失去大量热量。

海面蒸发的快慢主要取决于海气温差、湿度和风等影响因素。当海气温差大、湿度低、风强时，海面蒸发快，蒸发潜热大；相反，海气温差小、湿度高、风弱时，海面蒸发慢，蒸发潜热小。这类似于衣服晾干的过程，气温高的时候，衣服干得快；干燥的天气，衣服干得快；通风的地方，衣服干得快。

蒸发潜热在副热带地区最大，副热带位于30°N和30°S附近。副热带地区气温高、空气干燥、风速大，海面蒸发快；赤道海域气温高，但空气潮湿、风速小，海面蒸发较慢，蒸发潜热较小；高纬海域气温低，海面蒸发慢，蒸发潜热小。

（4）感热交换

温度不同的物体相互接触时，热量会从高温物体传到低温物体，即热传导作用。由于海面温度和大气底层温度一般不相等，所以两者之间存在热传导，这种形式的热量传递称为感热交换。在海面温度和大气底层温度差别较大的海域，感热交换作用强，如寒流和暖流海域。平均而言，海面温度比大气底层温度高 0.8℃，因此，感热交换的总体结果是海面向大气输送热量。

（5）海面热收支

海面获得的热量与海面失去的热量之差，称为海面热收支。海面热收支（Q_W）主要由太阳辐射（Q_S）、海面有效回辐射（Q_b）、蒸发潜热（Q_e）和感热交换（Q_h）构成。海面热收支方程即，

$$Q_W = Q_S - Q_b - Q_e \pm Q_h \tag{2.10}$$

$Q_W > 0$ 时，海面得到热量；$Q_W < 0$ 时，海面失去热量；$Q_W = 0$ 时，海面热收支平衡。

海面热收支随纬度的变化而变化，低纬地区海面获得热量，高纬地区海面失去热量。热量的得失会导致温度的升降。但是，并没有出现低纬地区的温度常年升高，而高纬地区的温度常年下降的现象，这说明在大洋内部必然存在着从低纬向高纬的热量输送，使得海面热收支常年平衡。

（6）海洋热收支（Q_t）

海洋热收支（Q_t）除了包括海面热收支外，还包括垂直方向上的热输送（Q_z）和水平方向上的热输送（Q_A）。这两种热输送是通过海水的流动，来完成海洋内部的热交换。海洋热收支方程即

$$Q_t = Q_S - Q_b - Q_e \pm Q_h \pm Q_z \pm Q_A \tag{2.11}$$

$Q_t > 0$ 时，海洋得到热量；$Q_t < 0$ 时，海洋失去热量；$Q_t = 0$ 时，海洋热收支平衡。在一年或几年的时间尺度下，全球大洋一般没有明显的温度变化，海洋得到与失去的热量相同，即 $Q_t = 0$。

2.2.2　大洋的水量平衡

海洋与外界不仅有热量交换，还长期进行着水量交换。与热量交换不同的是，海洋的热量主要来自于太阳，而海洋的水来自于地球本身，并在地球系统内部循环。大洋的水量收入主要来自于降水、径流、极地冰川融化和海流流入；而支出主要为蒸发、极地冰川冻结和海流流出。

（1）降水

降水是指空气中的水汽冷凝并降落到地表的现象，包括降雨和降雪等。降水是海洋水量收入的最重要因子。降水随纬度的变化，如图 2-6（a）所示。赤道附近降水量最大，年平均降水量可达 180cm 以上；副热带降水量达到极小值，只有 60cm 左右。南北纬 50°附近降水量存在极大值，然后向极地方向迅速减小。

（2）蒸发

蒸发不仅使海洋失去热量，同时又使海洋失去水量。蒸发是海洋水量支出的最重要因子。副热带地区蒸发量最大，年平均蒸发量达到 140cm；赤道附近蒸发量相对较小，约 120cm 左右；极地最小，低至 20cm 以下 ［图 2-6（a）］。

（3）径流

径流是指陆地上沿地表或地下流动的水流。径流汇入海洋后，海洋的水量增加。

（4）极地冰川的融化与冻结

夏季极地冰川的融化会使海洋得到水量；相反，冬季极地冰川的冻结使海洋失去水量。融化与冻结是海洋水平衡中的可逆过程，对于全年来说，两者基本相等。

（5）海流流入和海流流出

海水的流动会影响水量，对于整个全球大洋，海流流入和海流流出相互抵消。

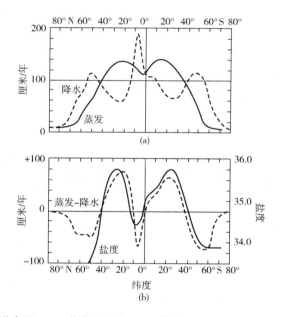

图 2-6 大洋表面（a）蒸发和降水（b）蒸发与降水差和盐度随纬度的变化

（6）水量收支

水量收支（q）是指大洋得到与失去的水量之差。水量收支方程即

$$q = P - E + R + M - F + U_i - U_o \tag{2.12}$$

其中，P 为降水，E 为蒸发，R 为径流，M 为极地冰川融化，F 为极地冰川冻结，U_i 为海流流入，U_o 为海流流出。

对整个全球大洋，全年平均，$M = F$，$U_i = U_o$，因此有

$$q = P - E + R \tag{2.13}$$

这表明，降水、蒸发和径流，基本决定了大洋的水平衡。根据科学家计算，全球大

洋年平均降水量约为 114cm，蒸发量约为 126cm，径流量约为 12cm。因此，与降水和蒸发相比，径流相对较小。

降水与蒸发之差（$P-E$）约等于海洋得到的水量；相反，蒸发与降水之差（$E-P$）约等于海洋失去的水量。根据盐度的定义，海洋得到的水量越多，盐度越低；海洋失去的水量越多，盐度越高。因此，盐度的分布主要取决于蒸发与降水之差。蒸发与降水之差（$E-P$）和盐度（S）随纬度的变化，如图 2-6（b）所示，两者十分相似，都在副热带海域达到最大值。

2.3 海洋温度、盐度、密度的分布

2.3.1 海洋温度

海面热收支决定了海面温度的分布状况。海面温度一般在 -2～30℃，全球年平均温度为 17.4℃，温度分布如图 2-7 所示。全球海面温度分布有如下特点：①等温线几乎与纬线平行，呈带状分布；②赤道附近温度较高，然后向两极逐渐下降；③热带地区，东西海域的温度差异较大，如热带西太平洋的温度显著高于热带东太平洋。

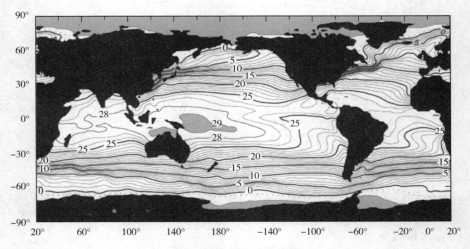

图 2-7　海面温度分布图

对海上某一地点进行水文测量，可得到温度在垂直方向上的变化，即温度廓线。根据典型的温度廓线［图 2-8（a）］，海面以下普遍存在一个温度几乎不随深度变化的水层，称为海表混合层。海表混合层下面是温度变化较大的温跃层。温跃层可分为随季节生消的季节性温跃层和不随季节变化的主温跃层。温跃层以下的海水温度较低，变化较小。

2.3.2   海洋盐度

海面的水量收支决定了海面盐度的分布状况。海面盐度一般在 28~38psu，全球大洋年平均盐度为 35psu，盐度分布如图 2-9 所示。全球海面盐度分布有如下特点：①副热带海域盐度高，低纬和高纬海域的盐度相对较低；②靠近陆地的海水受径流影响，盐度变动范围较大。

对海上某一地点进行水文测量，可得到盐度在垂直方向上的变化，即盐度廓线。不同海域的盐度廓线差别较大，但也存在一些普遍特点。海面附近有一个盐度几乎不随深度变化的混合层，混合层下面是盐度变化较大的盐跃层。靠近海底的深层水的盐度变化不大［图 2-8（b）］。

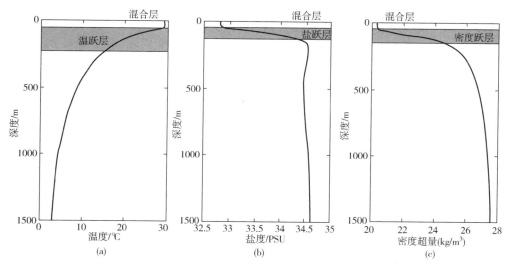

图 2-8   典型的（a）温度廓线、（b）盐度廓线和（c）密度廓线

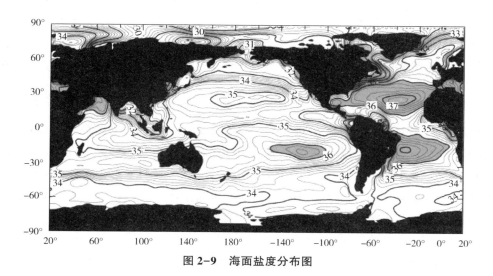

图 2-9   海面盐度分布图

35

2.3.3 海洋密度

海面温、盐、密随纬度的变化，如图 2-10 所示。海面温度由赤道向极地递减，盐度由副热带分别向赤道和极地递减，密度超量由赤道向极地递增。根据之前的分析，温度的分布主要取决于海面热收支，盐度的分布主要取决于蒸发与降水之差。海水密度是温度、盐度和压强的函数，对于大洋表面，密度主要受温度影响。赤道附近温度高，因而密度小；高纬地区温度低，因而密度大。

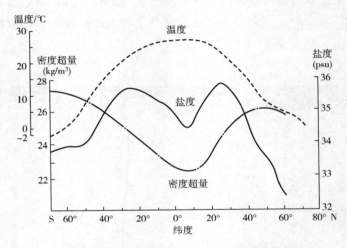

图 2-10　海面温度、盐度、密度随纬度的变化

垂直方向上，海水的运动主要由密度差异引起，密度大的海水下沉，密度小的海水上升。因此，海水密度随着深度的增加而增加［图 2-8（c）］。密度变化最大的水层，称为密度跃层。密度跃层一般位于密度小的表层水和密度大的深层水之间，阻碍着上、下水层的海水交换。

2.4　海水受到的力

根据牛顿力学，力包括真实的力和虚拟的力。真实的力是物体对物体的作用，而虚拟的力是物体处于变速运动状态下"产生"的力，也被称为惯性力。如果以静止或匀速直线运动的物体为参考系，那么只存在真实的力；而如果以变速运动的物体为参考系，那么既存在真实的力，也存在虚拟的力。由于地球一直在自转和公转，因此，地球上的海水除了受到真实的力之外，还存在着虚拟的力，即惯性力。

2.4.1 重力

根据万有引力定律，地球上的物体会受到地球吸引力的影响，引力的方向从物体指向地心。随着地球的自转，地球上的物体还会受到惯性离心力的影响，离心力的方向垂直且背离地球自转轴。因此，地球上的海水所受到的重力（G）为地心引力（$F_{引}$）和惯性离心力（$F_{离}$）的合力，如图 2-11 所示。由于地球的惯性离心力相对较小，重力的方向几乎垂直于地球表面向下。

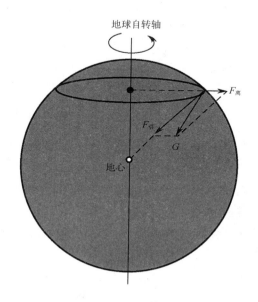

图 2-11　重力方向示意图

重力加速度（g）等于重力除以物体的质量，即

$$g = \frac{G}{m} \tag{2.14}$$

海水的重力加速度在不同的纬度和深度下，有较小的变化，一般可将其视为常量，即 $g = 9.8\,\text{m/s}^2$。

2.4.2　天体引潮力

地球上的海水除了受到地球的引力之外，还会受到太阳和月球的引力的影响。随着地球绕太阳旋转以及月球绕地球旋转，地球上的海水还会受到来自太阳和月球的惯性离心力的影响。上述四个力的合力，称为天体引潮力。其中，月球产生的引潮力相对较强，是太阳的 2.25 倍。

在天体引潮力的作用下，海水呈周期性运动，垂直方向上的涨落称为潮汐，而水平方向的流动称为潮流。图 2-12 为潮汐曲线示意图，横坐标为时间，纵坐标为高度。一天内，海水达到最高水位时为高潮，相对基准面的高度为高潮高；海水达到最低水位时为低潮，相对基准面的高度为低潮高。高潮高与低潮高之差，称为潮差。海水由高潮向低潮下降的过程，称为落潮；海水由低潮向高潮上升的过程，称为涨潮。

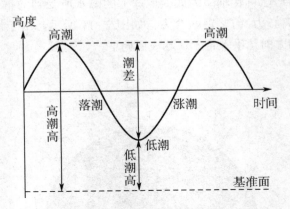

图 2-12　潮汐曲线示意图

按照潮汐的周期，可将其分为全日潮、半日潮和混合潮。全日潮的周期为一日，即一个潮汐日内只有一个潮汐周期。潮汐日是以月球为参考点时地球的自转周期，约为 24 小时 50 分；半日潮的周期为半日，即一个潮汐日内有两个潮汐周期；介于全日潮和半日潮之间的过渡潮型，称为混合潮。

按照潮汐的强弱，可将潮汐分为小潮和大潮（图 2-13）。小潮时，太阳、月球和地球的位置成直角分布，潮汐效应最弱，潮差最小；大潮时，太阳、月球和地球基本在一条直线上，潮汐效应最强，潮差最大。小潮一般发生在上弦月（农历初八）和下弦月（农历二十三）之后的两三天；大潮一般发生在新月（农历初一）和满月（农历十五）之后的两三天。

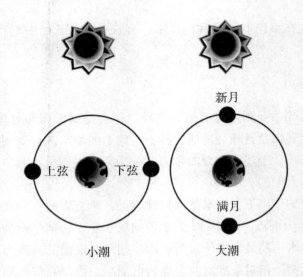

图 2-13　小潮和大潮示意图

我国的钱塘江大潮，汹涌澎湃，气势雄伟，颇为壮观。钱塘江大潮一般在农历八月十八日最强，潮头高达 3~5m，推进的速度接近 10m/s，带来海水 10 万~20 万 t，同时发出巨大的声响，犹如千军万马在奔腾。每年有十几万人争相观看钱塘江大潮。但是，汹涌的潮水也带来了一定的危险。近 20 年来，超过 100 人被钱塘江潮水夺去生命。增强自我保护意识、了解潮水的涨落规律、认识潮水的危险性是观潮者必备的知识。

居住在海边的人们，根据潮汐的知识，赶在落潮的时间，打捞或采集海产品，称为赶海。当大潮退却时，大面积海滩露出水面，鱼、虾、蛤蜊、寄居蟹、海蛎子等海鲜留在了海滩上，赶海的收获更丰富。赶海是居住在海边的人们改善生活的方式，也是他们日常休闲的乐趣。

2.4.3　压强梯度力

由于海水中压强分布不均匀而作用于海水的力称为压强梯度力。压强梯度力的方向垂直于等压线，从高压指向低压。根据公式（2.1），压强是密度和深度的函数。当密度在水平方向上不变时，同一深度下压强相同，等压线与等深线平行，海水处于正压场（图 2-14）。正压场中，压强梯度力垂直向上，与重力大小相等，方向相反。垂直向上的压强梯度力，也就是通常所说的浮力。当密度在水平方向上变化时，同一深度下压强不同，等压线与等深线不平行时，海水处于斜压场。斜压场中，重力与压强梯度力不在同一直线上，不能平衡。

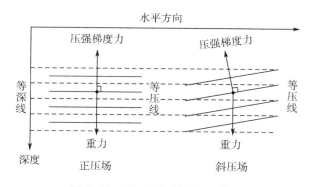

图 2-14　正压场与斜压场示意图

2.4.4　切应力

切应力属于摩擦力的一种。当上下两层流体运动速度不同时，由于分子黏滞性，在界面上产生的切向作用力称为切应力。海面上的风与海水之间的切应力称为海面风应力，海面风应力是大气向海洋输送动量的主要方式。

2.4.5　地转偏向力

地转偏向力又称为科里奥利力或科氏力，是一种惯性力。海水在运动过程中，由于地球自转，海水的运动轨迹会发生偏移。但是，生活在地球上的我们，感觉不到地球在旋转，所以引入了地转偏向力来解释轨迹的偏移。由于海水长期处于运动状态中，因此，地转偏向力是海洋环流的基本力之一。

地转偏向力的基本特点包括：

（1）地转偏向力只有当物体相对地球运动时才会产生；

（2）地转偏向力随纬度的增加而增加，赤道处地转偏向力为零；

（3）地转偏向力只能改变物体的速度方向，不能改变物体的速度大小；

（4）地转偏向力在北半球垂直指向物体运动的右方，在南半球垂直指向物体运动的左方。

【例题 4】图 2-15 是位于南半球的海水，黑色箭头为海水的运动方向，虚线为等压线。用文字描述出压强梯度力和地转偏向力的方向。

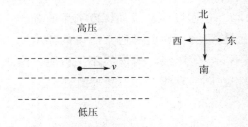

图 2-15　例题 4

答：压强梯度力的方向垂直于等压线从高压指向低压，地转偏向力在南半球垂直指向物体运动的左方。因此，压强梯度力向南，地转偏向力向北。

2.5　世界大洋环流

洋流或海流是指海水在各种力的作用下，永不停歇地流动，并交换物质和能量。洋流可分为风生环流、热盐环流和中尺度涡等主要类型。

2.5.1　风生环流

大洋上层的洋流主要为风生环流。风生环流是海水在风应力驱动下的大尺度流动。从低纬向高纬流动的洋流，温度比周围海水高，称为暖流；相反，从高纬向低纬流动的洋流，温度比周围海水低，称为寒流。

根据图 2-16，北太平洋的北赤道洋流、黑潮、北太平洋暖流和加利福尼亚寒流构成了顺时针的环流。而北大西洋的北赤道洋流、墨西哥湾流、北大西洋暖流和加那利寒流也呈顺时针。不仅北半球的环流相似，南半球的环流也相似。印度洋、南太平洋和南大西洋的环流均沿逆时针方向。

根据洋流在大洋中所在的位置，可将风生环流分为赤道流系、西边界流、西风漂流和东边界流四种类型。

（1）赤道流系

赤道流系是由信风驱动的洋流，位于赤道附近的低纬海域。赤道流系分为北赤道流、南赤道流和赤道逆流（图2-16）。北赤道流和南赤道流自东向西流，赤道逆流自西向东流。赤道流系在强烈的太阳辐射下，温度较高。

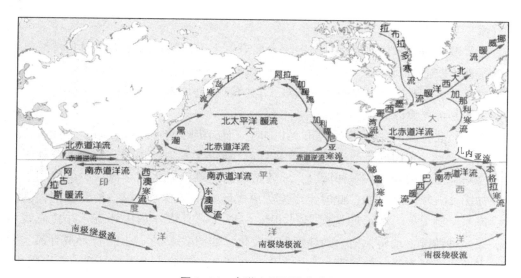

图2-16 大洋上层环流分布图

（2）西边界流

西边界流是大洋西侧从低纬向高纬流动的暖流。西边界流的主要特点为温度高、流速大、从低纬向高纬输送大量热量。西边界流包括北半球的黑潮和墨西哥湾流，以及南半球的阿古拉斯暖流、东澳暖流和巴西暖流等（图2-16）。

黑潮，又称日本暖流，是北赤道流在菲律宾群岛东岸向北偏转的洋流。黑潮因其水色呈深蓝色，远看似黑色，因而得名。黑潮的主干向北流动，沿台湾岛东岸、琉球群岛西侧，直达日本群岛东南岸。台湾岛东岸的黑潮，宽度约为100～200km，厚度约为400m，流速约为0.5～1.0m/s。可见，黑潮的流量大，深度深，流速快。黑潮的分支进入我国的渤海、黄海、东海和南海，对我国近海有重要的影响。

（3）西风漂流

西风漂流位于南北纬40°～60°之间的西风带海域。在西风推动下，海水自西向东流动。西风漂流包括北太平洋暖流、北大西洋暖流和南极绕极流（图2-16）。其中，北太平洋暖流和北大西洋暖流分别是黑潮和墨西哥湾流的延续。因此，北太平

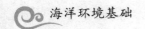

洋暖流和北大西洋暖流携带了大量的热量。尤其是北大西洋暖流给欧洲带来了温暖湿润的空气和丰富的降雨，使西欧和北欧的冬季气温比同纬度地区高15~20℃。

南极绕极流环绕南极大陆流动，横跨印度洋、太平洋和大西洋。由于没有陆地的阻隔，南半球的西风带非常强劲，常年盛行5~6级的西风，被称为咆哮西风带。南极绕极流在咆哮西风带下，风大浪急，海况非常恶劣。

（4）东边界流

东边界流是大洋东部从高纬向低纬流动的寒流。东边界流包括北半球的加利福尼亚寒流和加那利寒流，以及南半球的西澳寒流、秘鲁寒流和本格拉寒流。与西边界流相比，东边界流的主要特点为温度低、宽度大、流速小，并且沿岸几乎都存在上升流。

上升流是指海水从深层垂直向上缓慢涌升。上升流的速度虽小，但它将深层海水的营养物质输送到海表。上升流带来的营养物质使得浮游生物大量繁殖，大量鱼类聚集于此。上升流海域是重要的渔场，它的面积只占海洋总面积的千分之一，但捕鱼量却是世界海洋捕鱼总量的一半左右。

为什么北半球的大洋环流呈顺时针方向，而南半球呈逆时针方向？为什么西边界流的流速大，东边界流的流速小？1948年，海洋学家斯托梅尔，提出了三种洋流模式来解释上述问题。第一种情况：地转偏向力为零，海水只在风应力的作用下运动，如图2-17（a）所示，此时大洋无法形成环流；第二种情况：地转偏向力为常数，海水受到风应力和地转偏向力，如图2-17（b），大洋形成环流，并且流线对称；第三种情况：地转偏向力随纬度发生变化，如图2-17（c），大洋形成环流，并且大洋西岸流线密集、流速大，大洋东岸流线稀疏、流速小，也就是洋流西向强化。斯托梅尔的三种模式中，第三种情况的地转偏向力更加真实准确，而地球实际的洋流也与第三种情况相似。

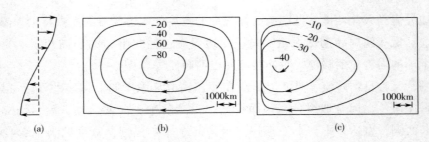

图2-17 斯托梅尔的三种洋流模式

（a）地转偏向力为零   （b）地转偏向力为常数   （c）地转偏向力随纬度变化

根据上述知识，我们就可以回答刚才的问题。大洋形成环流是由于存在地转偏向力。北半球的地转偏向力垂直指向海水运动的右方，因此，北半球的环流沿顺时针方向；南半球的地转偏向力垂直指向海水运动的左方，因此，南半球的环流沿逆时针方向。洋流西向强化则是由于地转偏向力随纬度变化而产生的。

　　【例题 6】根据图 2-7，赤道西太平洋的海水温度高于东太平洋，为什么？

　　答：在太阳辐射作用下，纬度越低，海水的温度普遍越高。西太平洋的海水来自于北赤道流和南赤道流，均属于赤道附近；东太平洋的海水来自于加利福尼亚寒流和秘鲁寒流，纬度相对较高。因此，西太平洋的海水温度高于东太平洋。

2.5.2　热盐环流

　　风生环流位于大洋的上层，而热盐环流主要位于大洋的下层。热盐环流是由海水在极地冷却后，密度增大，下沉而成的。挪威海和格陵兰海形成的深层水团，称为北大西洋深层水。威德尔海和罗斯海形成的深层水团，称为南极底层水。水团是指与周围海水存在明显差异的宏大水体。热盐环流贯穿大西洋、印度洋和太平洋，在印度洋和北太平洋中部，向上涌升（图 2-18）。

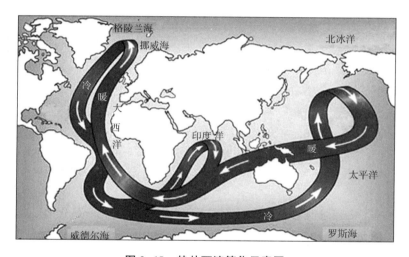

图 2-18　热盐环流简化示意图

　　热盐环流的流速非常缓慢，周期约为 1600 年。热盐环流输送了大量的热量、水量和营养物质，对全球气候起到非常关键的调节作用。目前，在全球变暖影响下，极地冰川急剧融化，大量淡水注入海洋，极地海水密度变小，海水下沉减弱，可能导致热盐环流减缓甚至停滞，从而打破全球的热量平衡，使得一些地区会变得寒冷。

2.5.3　中尺度涡

　　中尺度涡是指海洋中直径 100～500km、寿命 2～10 个月的涡旋。中尺度涡比大洋环流要小很多，但比肉眼可见的涡旋大，所以被称为中尺度涡。中尺度涡在旋转的过程中不断移动，从而改变海水的运动，使得海流方向多变，流速增大数倍甚至数十倍，并伴随有强烈的垂向运动。中尺度涡在世界各大洋中都普遍存在，对全球海洋的热量、盐度、二氧化碳、营养盐等物质和能量的输送起着至关重要的作用。

习题

1. 海洋中某一深度的海水微团，绝热上升到海面时所具有的温度，被称为海水的（　　）。

    A. 温度　　　　　　　B. 密度　　　　　　　C. 位温　　　　　　　D. 位密

2. 将 20℃ 的海水加热升高到 30℃，并保持海水的质量不变，那么海水的（　　）。

    A. 密度增大，比容减小　　　　　　B. 密度增大，比容增大

    C. 密度减小，比容减小　　　　　　D. 密度减小，比容增大

3. 下面哪一种可见光的波长最大？（　　）

    A. 绿　　　　　　　　B. 蓝　　　　　　　　C. 红　　　　　　　　D. 黄

4. 世界大洋海面盐度最高的海域通常位于（　　）。

    A. 赤道　　　　　　　B. 副热带　　　　　　C. 极地　　　　　　　D. 大陆边缘

5. 新月时，潮汐状况一般是（　　）。

    A. 全日潮　　　　　　B. 半日潮　　　　　　C. 大潮　　　　　　　D. 小潮

6. 上弦月时，潮汐状况一般是（　　）。

    A. 全日潮　　　　　　B. 半日潮　　　　　　C. 大潮　　　　　　　D. 小潮

7. 海水受到的力有重力、天体引潮力、切应力和地转偏向力等，其中哪一项不包含惯性力？（　　）

    A. 重力　　　　　　　B. 天体引潮力　　　　C. 切应力　　　　　　D. 地转偏向力

8. 下面哪个海流是自东向西流？（　　）

    A. 南极绕极流　　　　B. 北大西洋暖流　　　C. 黑潮　　　　　　　D. 北赤道流

9. 下面哪个海流是自南向北流？（　　）

    A. 南极绕极流　　　　B. 加利福尼亚流　　　C. 黑潮　　　　　　　D. 北赤道流

10. 下面哪个洋流属于北半球的西边界流？（　　）

    A. 湾流　　　　　　　B. 东澳暖流　　　　　C. 加那利凉流　　　　D. 北赤道流

11. 海水体积为 $0.1 m^3$，密度为 $1025 kg/m^3$，那么海水的质量为 ＿＿＿＿＿＿＿ kg，密度超量为 ＿＿＿＿＿＿＿ kg/m^3。

12. 光线照射到海水时，会发生散射，散射的机制主要有 ＿＿＿＿＿＿＿＿＿＿ 和 ＿＿＿＿＿＿＿＿＿＿ 两种。

13. 海洋中水的收入主要有 ＿＿＿＿＿＿＿ 、＿＿＿＿＿＿＿ 、＿＿＿＿＿＿＿ 和 ＿＿＿＿＿＿＿ ；支出主要有 ＿＿＿＿＿＿＿ 、＿＿＿＿＿＿＿ 和 ＿＿＿＿＿＿＿ 。

14. 重力是海水在地球上所受到的 ＿＿＿＿＿＿＿ 与 ＿＿＿＿＿＿＿ 的合力。

15. 太阳和月球对地球的引力，以及它们相对地球运动所产生的惯性离心力的

合力称为_____，在该合力的作用下，海面垂直方向涨落称为_____，而海水在水平方向的流动称为_____。

16. 海水受到的力主要包括天体引潮力、_____、_____和切应力。

17. 赤道流系是由东南和东北信风驱动的强大漂流，包括_____、_____和_____。

18. 大洋西岸流线密集、流速大；而大洋东岸稀疏、流速小，这种现象被称为_____。

19. 什么是海水组成恒定性？

20. 喝海水能解渴吗？为什么？

21. 为什么大洋的海水是蓝色的？

22. 写出海面热收支方程，并解释每一项的物理意义。

23. 用文字描述大洋表面温度、盐度、密度随纬度的变化特征。

24. 根据白居易的《潮》，杭州是半日潮还是全日潮？为什么？

《潮》　白居易

早潮才落晚潮来，一月周流六十回。不独光阴朝复暮，杭州老去被潮催。

25. 长江北岸和南岸哪一侧被河水侵蚀得更严重？为什么？

26. 北半球有哪几支西边界流？有哪些特点？

27. 图 2-19 为哥伦布发现美洲的航线示意图，哥伦布沿 1 号航线用了 37 天，而沿 2 号航线只用了 20 天。根据洋流解释，为什么 2 号航线少用了 17 天的时间？

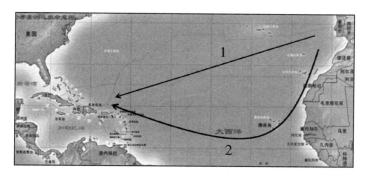

图 2-19　哥伦布航线示意图

28. 热盐环流所形成的大洋底层水主要有哪些？它们分别在哪里形成？

29. 在海边观察海水的颜色，根据水色计或网上搜索的水色计资料，判断海水的水色。用空瓶在海边收集一瓶水，收集到的海水又是什么颜色的？

3　海洋生态环境

3.1　海洋生物简介

海洋生物种类数量庞大，分布在海洋的各个角落，据科学家估计，海洋生物种类约为 30 万~200 万。每年有近 2000 种新的海洋物种被收录，但仍有大量海洋物种未被发现。

3.1.1　海洋生物分类

海洋生物即海洋中的生命有机体，隶属于原核生物界、原生生物界、真菌界、植物界和动物界（表 3-1）。

表 3-1　　　　　　　　　　　　　海洋生物种类数目

界	门	我国海域种类数目
原核生物界	细菌 蓝藻 放线菌 原绿菌	234
原生生物界	硅藻门 金藻门 隐藻门 黄藻门 甲藻门 裸藻门 黏体门 纤毛虫门 肉足鞭毛虫门	5474
真菌界	酵母 其他真菌 菌藻类	281
植物界	红藻门 褐藻门 绿藻门 蕨类植物门 裸子植物门 被子植物门	1490
动物界	海绵动物门 腔肠动物门 栉水母动物门 扁形动物门 纽形动物门 动吻动物门 线虫动物门 棘头虫动物门 轮虫动物门 曳鳃动物门 环节动物门 星虫动物门 螠虫动物门 软体动物门 节肢动物门 苔藓动物门 内肛动物门 腕足动物门 帚虫动物门 毛颚动物门 棘皮动物门 半索动物门 脊索动物门	15454

（1）原核生物

原核生物是一种无细胞核的单细胞生物，细胞内没有带膜的细胞器。原核生物结构简单，以分裂方式繁殖后代，个体微小，一般 1~10μm。原核生物能够在其他生物不能忍受的高温、高盐、低温和缺氧等极端环境中生存。海洋中的原核生物包括细菌、蓝藻和放线菌等。

（2）原生生物

原生生物属于最简单的真核生物，细胞内具有细胞核和有膜的细胞器。大部分原生生物为单细胞生物，个体十分微小，需借助显微镜才能看见，但比原核生物更大、更复杂。海洋中的原生生物大多数属于浮游生物，从寒带到热带海域广泛分布，主要集中在食物丰富的海洋表层至水深100m处。

（3）真菌

真菌是一种真核生物，和其他真核生物最大的不同之处在于，真菌细胞壁的主要成分为几丁质。海洋真菌能够将有机物分解成无机盐，为海洋植物提供有效营养，在海洋中占有重要地位。多数真菌栖于某种寄主而生活，少数自由生活。海洋真菌中的寄生菌和致病菌会引起海洋植物或动物的病害，而木生真菌会腐烂港湾设施的木质结构和人工合成材料。

（4）植物

植物是能够通过光合作用生产有机物的自养生物的总称。光合作用是指植物吸收光能，把二氧化碳和水合成有机物，同时释放氧气和能量的过程。植物的光合作用将无机物转变成有机物，光能转变成化学能，减少了大气中的二氧化碳，增加了氧气含量，保障了地球生物的生存和发展。

（5）动物

动物是以有机物为食物的异养生物的总称。动物只能以摄食植物、微生物、其他动物以及有机碎屑物质为生，不能进行光合作用。海洋动物的分布非常广泛，从海面至海底，从岸边到海沟，都有海洋动物生存。海洋动物门类繁多，各门类的形态大小有很大差异。

海洋生物按照生活习性、运动能力及所处的海洋环境，可将其分为浮游生物、游泳生物和底栖生物。

（1）海洋浮游生物

缺乏发达的运动器官，没有或仅有微弱的游泳能力，悬浮在水层中随水流移动。浮游生物主要为浮游植物和浮游动物，浮游植物包括硅藻、甲藻、绿藻、衣藻和夜光藻等；浮游动物包括水母、轮虫、海樽、水蚤和放射虫等（图3-1）。

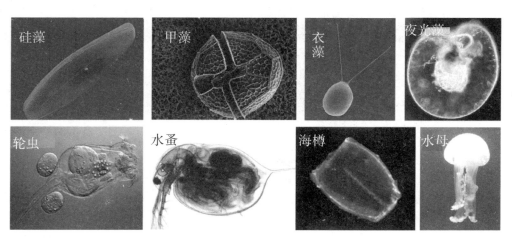

图3-1　典型的海洋浮游生物

（2）海洋游泳生物

在水层中能克服水流阻力而自由游动，具有发达的运动器官。海洋游泳生物主要包括鱼类、头足类、哺乳动物、爬行类和甲壳动物的一些种类。鱼类包括带鱼、大黄鱼和金枪鱼等；头足类包括章鱼、乌贼和鹦鹉螺等；哺乳动物包括鲸、海豚、海狮和儒艮等；爬行类包括海龟和海蛇等（图3-2）。

图 3-2　典型的海洋游泳生物

（3）海洋底栖生物

栖息在潮间带、浅海及深海海底的生物，可分为海洋底栖植物和海洋底栖动物。海洋底栖植物包括海带、紫菜、海草和海萝等；海洋底栖动物包括海星、海胆、扇贝和牡蛎等（图3-3）。

图 3-3　典型的海洋底栖生物

海洋生物按照生态系统中的功能可分为生产者、消费者和分解者3种生命类群。

（1）生产者

生产者是能利用无机物合成有机物的自养生物，海洋中的生产者包括浮游植物、底栖植物和一些微生物。微生物是指个体微小的原核生物、原生生物和真菌等。

（2）消费者

消费者是不能合成有机物、需要捕食生产者或其他消费者的异养生物，海洋中的消费者主要为海洋动物。

（3）分解者

分解者是将动植物残体、排泄物等所含的有机物转换为无机物的生物，海洋中的分解者主要为微生物。

3.1.2　海洋生物资源

浩瀚的海洋蕴藏着丰富的海洋生物资源，在不破坏生态平衡的情况下，每年可提供 30 亿 t 水产品，够 300 亿人食用。渔业资源丰富、种类繁多的海域称为渔场。全球主要有四大渔场，分别为北太平洋渔场、西北大西洋渔场、东北大西洋渔场和秘鲁渔场。寒暖流交汇和上升流是渔场形成的主要原因。

北太平洋渔场是由黑潮和千岛寒流交汇形成，代表渔场为北海道渔场；西北大西洋渔场是由墨西哥湾流与拉布拉多寒流交汇形成，代表渔场为纽芬兰渔场，但由于几个世纪的肆意捕捞，生态环境被破坏，纽芬兰渔场已渐渐消亡；东北大西洋渔场是由北大西洋暖流与北冰洋冷水南下交汇形成，代表渔场为北海渔场；秘鲁渔场是由秘鲁沿岸的上升流所形成的。

海洋生物资源主要包括鱼类资源、海洋无脊椎动物资源、其他海洋脊椎动物资源和藻类资源。

（1）鱼类资源

鱼类资源是海洋生物资源的主体。鱼的种类很多，全世界的鱼类超过 3 万种，可供食用的有 1500 多种。鱼类营养价值高，含有大量的蛋白质，味道鲜美，易被人体消化吸收。

（2）海洋无脊椎动物资源

海洋无脊椎动物种类众多，约有 16 万种，已被人类利用的约有 130 多种。海洋无脊椎动物主要包括乌贼、章鱼、牡蛎、扇贝、虾、蟹和海参等。例如，扇贝的营养价值高，味道鲜美，并且能够显著降低胆固醇；蟹中含有丰富的蛋白质及微量元素，有清热解毒、活血祛痰的效果。

（3）其他海洋脊椎动物资源

其他海洋脊椎动物是指除了鱼类之外的海洋脊椎动物，包括海龟、海鸟、鲸、海豚、海狮和海象等。其中，海龟属于上等食品，龟甲、龟掌、龟肉和龟血等都可制成名贵中药和营养品。全世界每年捕捞海龟达 4 万只以上，致使海龟的数量越来越少。目前，海龟已被列为重点保护对象。

（4）藻类资源

海藻是海带、紫菜、裙带菜、石花菜等海洋藻类的总称。海藻中含有蛋白质、多糖、食物纤维、无机元素和脂肪酸等多种成分，营养价值很高，全世界有70多种海藻可供人类食用。海藻还被广泛用作药材、饲料、肥料和工业原料等。海藻资源非常丰富，人类所利用的只是其中很小的一部分，仍有大量资源可被研究和利用。

3.1.3 我国渔场现状

我国是世界海洋捕捞第一大国，并连续20多年蝉联世界第一。但是，这个"世界第一"并不是件令人高兴的事情。据专家估算，我国近海渔业资源每年可捕捞量约为800万t。然而，从1994年（近海捕捞量约926万t）到2017年（近海捕捞量约1328.27万t），我国近海渔场已过度捕捞超过20年。根据《2017年中国渔业统计年鉴》，我国海洋渔业机动渔船26.12万艘，而且还有许多没有被统计的渔船，大量的渔船早已超过了渔业资源的可承受程度。长期过度捕捞以及近海环境污染，造成我国渔业资源日益匮乏。

我国传统的四大渔场，即黄渤海渔场、舟山渔场、南海沿岸渔场和北部湾渔场，渔业资源曾经非常丰富，然而现在已名存实亡，陷入无鱼可捕的危机。渤海素有"渔业摇篮"之称，但在2011年，国家海洋局却称："渤海湾作为渔场的功能已丧失。"如此评价并不夸张，渤海大量滩涂、湿地被占用，鱼汛早已消失。四大传统渔场的严峻现状，迫使渔民纷纷改行。2017年，我国渔民为661.11万人，比上年减少17.36万人，降低2.56%。

海洋渔业资源锐减的同时，海水养殖业迅猛发展。海水养殖满足了人民对水产品的需求，提高了人民的生活水平。然而，大规模的海水养殖使得水面超负荷运载，水中饵料、肥料、排泄物增加，水体富营养化加重，水质恶化。海水养殖业的自身污染，已成为制约渔业持续健康发展的重要因素之一。

为了改善近海的渔业现状，我国政府采取了诸多举措。例如，我国近海每年有3个月左右的休渔期，以保护鱼类的繁殖产卵，让鱼类有充足的生长时间；我国禁止使用"底扒网""绝户网"等违规渔具；禁止在海上电鱼、炸鱼、毒鱼。我国大力保护近海的生态环境，实时监控环境状况，减少陆地污染的排放，禁止不合理地开发和利用海洋。

3.2 海洋生态系统

海洋生态系统是指由海洋生物群落及其环境所构成的自然系统。海洋生态系统的健康状况可分为健康、亚健康和不健康3个级别。

（1）健康。生物多样性及生态系统结构基本稳定，生态系统主要功能正常发挥。

（2）亚健康。生物多样性及生态系统结构发生一定程度变化，但生态系统主要功能尚能发挥。

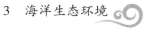

（3）不健康。生物多样性及生态系统结构发生较大程度变化，生态系统主要功能严重退化或丧失。

根据海洋环境的差异，海洋生态系统可分为海湾生态系统、河口生态系统、滩涂湿地生态系统、珊瑚礁生态系统、红树林生态系统、海草床生态系统、上升流生态系统、深海生态系统和海底热泉生态系统等。

3.2.1 海湾生态系统

海湾地处陆地边缘，是人类从事海洋活动的重要场所。海湾生态系统在人类活动影响下，环境污染较为严重，资源明显衰减，生态系统失衡。例如，2016 年，我国面积大于 $100km^2$ 的 44 个海湾中，17 个海湾存在严重污染海域，主要污染物质为无机氮、活性磷酸盐和石油等。我国海湾生态系统多数呈亚健康状态，锦州湾和杭州湾生态系统呈不健康状态（表 3-2）。保护海湾生态系统，对海湾的资源和环境，以及沿海地区人民的生产、生活，有着重要的意义。

3.2.2 河口生态系统

河口是河流注入海洋的地方，海水和淡水在此交汇和混合，形成了独特的河口生态系统。河口生态系统的温度和盐度变化显著，悬浮颗粒多，水体富含有机质。我国的双台子河口、滦河口—北戴河、黄河口、长江口和珠江口等河口生态系统，浮游植物密度偏高，水体富营养化，普遍为亚健康状态（表 3-2）。

表 3-2　　　　　　　　　　**2016 年我国海洋生态系统基本状况**

生态系统类型	生态监控区名称	面积（km²）	健康状况
海湾	锦州湾	650	不健康
	渤海湾	3000	亚健康
	莱州湾	3770	亚健康
	杭州湾	5000	不健康
	乐青湾	464	亚健康
	闽东沿岸	5063	亚健康
	大亚湾	1200	亚健康
河口	双台子河口	3000	亚健康
	滦河口—北戴河	900	亚健康
	黄河口	2600	亚健康
	长江口	13668	亚健康
	珠江口	3980	亚健康

续表

生态系统类型	生态监控区名称	面积（km²）	健康状况
珊瑚礁	雷州半岛西南沿岸	1150	健康
	广西北海	120	健康
	海南东海岸	3750	亚健康
	西沙珊瑚礁	400	亚健康
红树林	广西北海	120	健康
	北仑河口	150	健康
滩涂湿地	苏北浅滩	15400	亚健康
海草床	广西北海	120	亚健康
	海南东海岸	3750	健康

3.2.3　珊瑚礁生态系统

珊瑚礁是由碳酸钙组成的珊瑚虫骨骼，经过数百年至数千年的生长、累积后形成的。珊瑚本身是白色的，它的美丽颜色来自于体内共生的海藻，海藻通过光合作用向珊瑚提供能量。珊瑚礁为许多动植物提供了生活环境，珊瑚礁及其生物群落构成了珊瑚礁生态系统（图3-4a）。珊瑚礁生态系统的种类丰富、形态多样、生命活动旺盛，是热带浅海特有的生物群落。近年来，由于日益变暖的气候和日渐酸化的海水，珊瑚的共生海藻大量离开或死亡，珊瑚逐渐白化，最终因失去营养供应而死亡。

位于澳大利亚东北海岸的大堡礁是世界上最大的活珊瑚礁群，面积约28万km²。这里水温高，日照强，营养物质丰盛，极有利于珊瑚虫和其他海洋生物的生长发育。大堡礁生存着400多种珊瑚，1500多种鱼类，数万种软体动物、甲壳动物和其他生物，仅鲸类就有22种。但是，目前大堡礁已呈现衰亡的趋势，有专家预测，到2100年，这个世界上最大的珊瑚体系很可能崩溃。

我国珊瑚礁主要分布在台湾岛、海南岛和南海诸岛，珊瑚礁总面积约7300km²，位列全球第八。我国珊瑚礁以海南岛最多，其面积占全国的98%以上。近年来，由于人为破坏和环境变化，我国珊瑚礁面积减少约80%，海南岛的活珊瑚减少95%，珊瑚礁生态系统已出现退化迹象。

3.2.4　红树林生态系统

红树林属于潮间带特有的木本植物群落，生长于陆地与海洋交界带的滩涂浅滩，是陆地向海洋过渡的特殊生态系统。红树林为大量藻类、无脊椎海洋动物和鱼类提供了理想的生活环境，红树林也是许多鸟类的天然栖息地和迁徙中转站。

红树林生态系统是红树植物以及伴生动物和植物共同组成的集合体（图3-

图3-4　（a）珊瑚礁生态系统　（b）红树林生态系统
（c）滩涂湿地生态系统　（d）海底热泉生态系统

4b）。红树林生态系统的主要功能包括以下方面。

（1）巩固海滩。红树林是海岸的天然屏障，能够巩固海滩、维护岸堤。过去五十年，由于围海造地、水产养殖、乱砍滥伐等人为因素，全国红树林面积消失53%。红树林被破坏后，海水不受阻拦地直接拍打海滩，海岸遭受侵蚀，土地大量流失，海岸线迅速后退。

（2）防风防浪。红树林的根系发达，茂密高大的枝体宛如一道绿色长城，能够有效抵御风浪袭击。2004年12月26日，印度洋海啸袭击了周边的12个国家和地区，死亡29万人，而印度瑟纳尔索普渔村的172户家庭，距离海岸仅几十米远，却幸运地躲过了海啸的袭击，究其原因，这里的海岸生长着一片茂密的红树林。

（3）净化海水。红树林能够促进有机污染物降解，并吸收重金属和营养盐，从而净化水质。红树林每年每公顷能吸收150~250kg的氮和15~20kg的磷，有红树林存在的海域，几乎从未发生过赤潮。

3.2.5　滩涂湿地生态系统

滩涂湿地拥有广阔的淤泥质海滩，多由河流携沙淤积而成，主要集中在河口两侧（图3-4c）。滩涂湿地具有调节气候、减缓洪水和净化水质等功能，是众多两栖类、爬行类、鸟类和哺乳类动物的繁衍地。2016年，我国苏北浅滩滩涂湿地生态系统呈亚健康状态，浮游植物和底栖生物密度较高，生物体内铅和砷的残留偏高。滩涂植被主要类型为互花米草、碱蓬和芦苇，面积223km^2，与上年相比略有减少。

3.2.6 海草床生态系统

海草是唯一可以在海水中完成开花、结实和萌发的被子植物。由于海草的生长需要较高的光照强度，海草的生长区域被严格限定在浅海海域。海草主要分布于温带和热带的海岸地区，大面积连片的海草称为海草床。

海草床生态系统是海草与周围环境形成的一种独特的近海岸生态系统，是许多大型海洋生物甚至哺乳动物赖以生存的栖息地。海草床生态系统为地球生物圈提供了重要的生态服务功能，对缓解全球气候变暖、改善近海渔业和监测近岸生态健康等具有一定作用。

在人类活动的影响下，全球的海草床生态系统都遭受着不同程度的破坏。自1980年以来，超过17万 km^2 的海草床消失，占全球已知海草床面积的1/3。随着海草床的消退，海草床生态系统的鱼类、鸟类和其他海洋生物都将减少，甚至消失。

3.2.7 上升流生态系统

上升流将较冷且高营养盐的下层海水带到海洋表层，主要位于大洋的东边界，如摩洛哥海岸、非洲西南海岸、加利福尼亚海岸和秘鲁海岸等。上升流海域的水温较低，盐度较高，洋流速度较缓慢，浮游植物和浮游动物较多，鱼类大量繁殖。上升流生态系统的主要特点是食物链短、物质循环快以及能量转换效率高。食物链是指各种生物通过吃与被吃的关系，彼此联系起来的营养关系。

3.2.8 深海生态系统

深海生态系统位于大洋超过1000米的深处，那里缺乏阳光，温度偏低，压强较大。深海中没有进行光合作用的植物，没有植食性动物，只有碎食性动物、肉食性动物、异养微生物和少量滤食性动物。深海生态系统的生物种类少，生物量低，只有与大陆架相毗邻的深海和深海海底，生物数量才丰富。深海是地球上最大的生物区域，但是，人类对深海的认知极其匮乏，深海的精细调查不超过其总面积的5%。

3.2.9 海底热泉生态系统

海底热泉是指海底深处的喷泉，包括白烟囱、黑烟囱和黄烟囱等，烟囱的颜色取决于喷发物所含矿物质（图3-4d）。海底热泉是地壳活动在海底反映出来的现象，广泛分布在地壳张裂或薄弱的地方，如大洋中脊、海底断裂带和海底火山附近。

海底热泉的温度高、压强大、黑暗、缺氧，环境极端恶劣，却生活着丰富多样的深海生物群落。这些生物维持生命所需的最初能源，不是依靠阳光的光合作用，而是热泉喷出的硫化物。硫细菌能够氧化硫化物获取能量，是热泉生态系统的主要生产者，其他热泉生物直接或间接以硫细菌为食。

许多科学家认为，生命起源于海底热泉，主要依据以下事实：热泉环境与地球早期相似；热泉环境能避免天体撞击和紫外线的影响；热泉喷出了生物所需的能量和原料；热泉生物基因序列接近地球原始生物。生命起源于哪里，科学界仍存在争议，但目前海底热泉学说的证据最为充分。

习题

1. 蓝藻属于哪种生物？（　　　）
A. 原核生物　　　　B. 原生生物　　　　C. 真菌　　　　D. 动物

2. 依据海洋生物的生活习性、运动能力及所处的海洋环境，海星属于（　　　）。
A. 海洋浮游生物　　　　　　　　　　B. 海洋游泳生物
C. 海洋底栖动物　　　　　　　　　　D. 海洋底栖植物

3. 按海洋生物的生活习性、运动能力及所处的海洋环境，海胆属于（　　　）。
A. 海洋浮游生物　　　　　　　　　　B. 海洋游泳生物
C. 海洋底栖动物　　　　　　　　　　D. 海洋底栖植物

4. 依据生态系统中的功能，海草属于（　　　）。
A. 生产者　　　　B. 消费者　　　　C. 分解者　　　　D. 以上都不是

5. 按生态系统中的功能类群，扇贝属于（　　　）。
A. 生产者　　　　B. 消费者　　　　C. 分解者　　　　D. 以上都不是

6. 寒暖流交汇和上升流的水文环境容易形成渔场，下面哪个渔场是由于上升流而形成的。（　　　）
A. 秘鲁渔场　　　　B. 北海道渔场　　　　C. 纽芬兰渔场　　　　D. 北海渔场

7. 我国近海传统四大渔场不包括（　　　）。
A. 北部湾渔场　　　　B. 东沙渔场　　　　C. 舟山渔场　　　　D. 黄渤海渔场

8. 我国近海捕捞承载上限为 800 万 t，从哪一年开始我国近海处于过度捕捞的状态。（　　　）
A. 1991　　　　B. 1992　　　　C. 1993　　　　D. 1994

9. 能够巩固海滩、净化海水、减少赤潮发生的生态系统是（　　　）。
A. 红树林　　　　B. 珊瑚礁　　　　C. 滩涂湿地　　　　D. 基岩海湾

10. 下面哪种生态系统是两栖类和爬行类的主要繁衍地。（　　　）
A. 红树林　　　　B. 珊瑚礁　　　　C. 滩涂湿地　　　　D. 外洋

11. 下面哪个海洋生态系统的特点是低温、低溶解氧、高营养盐、高盐度。（　　　）
A. 滩涂湿地生态系统　　　　　　　　B. 河口生态系统
C. 海草床生态系统　　　　　　　　　D. 上升流生态系统

12. 我国污染最严重的海洋生态系统是（　　　）。
A. 海湾生态系统　　　　　　　　　　B. 海草床生态系统

C. 红树林生态系统　　　　　　　　　　D. 上升流生态系统

13. 能够缓解全球气候变暖、监测近岸生态健康的海洋生态系统是(　　)。

A. 深海生态系统　　　　　　　　　　B. 海湾生态系统

C. 海草床生态系统　　　　　　　　　　D. 上升流生态系统

14. 根据海洋生物的生活习性、运动能力及所处的海洋环境，可将其分为_____、_____和_____。

15. 我国的珊瑚礁生态系统主要位于哪里？

4 海洋气象环境

4.1 大气基础知识

4.1.1 大气的成分和分层

地球大气主要由多种气体组成，并掺有一些悬浮的固体和液体微粒。按体积百分比计算，氮气占78%，氧气占21%，其他气体占1%。大气中的各种气体可分为定常成分和可变成分两类。定常成分为氮气、氧气和一些惰性气体，各成分在大气中的比例恒定；可变成分包括水汽、二氧化碳、臭氧和一些碳、氮、硫的化合物，各成分在大气中的比例随时间和地点而变。地球大气在不同高度有不同的特征，根据大气温度随高度的变化特征，可将大气分为对流层、平流层、中间层、热层和散逸层（图4-1）。

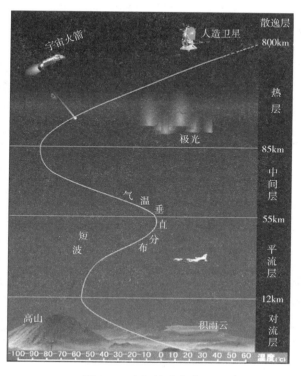

图4-1 大气的垂直分层

（1）对流层

对流层位于大气的最底层，集中了约 75% 的大气质量和 90% 以上的水汽质量。对流层大气从地球表面到高度 12km 左右，温度随高度的升高而降低。这是由于近地面大气受地面和海面的加热，温度较高。对流层在水平方向上气象要素分布不均匀，在垂直方向上存在强烈的运动，对流混合显著。寒潮、台风、雷雨和闪电等主要的天气现象和天气过程，都发生在对流层。

（2）平流层

平流层位于对流层顶到高度 55km 左右，气流运动以水平方向为主。平流层内含有大量臭氧（O_3），能够吸收太阳紫外线，保护地球生物免受紫外线伤害。平流层的下层温度变化不大，上层由于吸收太阳辐射，温度随高度的升高而增加。民用航空领域的大型客机多飞行于此层，以保证飞行的稳定度。

（3）中间层

从平流层顶到高度 85km 左右为中间层，也称中层。中间层温度随高度升高而降低，是大气中最冷的一层。

（4）热层

中间层之上是热层，也称热成层或暖层。热层随高度增加，温度急剧上升，是大气中最热的一层。这是氧分子（O_2）和氧原子（O）在热层强烈吸收波长小于 0.17 μm 的太阳紫外线所造成的。热层的其他特性，如能够反射无线电波，在高纬度地区常出现极光。

（5）散逸层

热层之上是散逸层，也称逸散层，是地球大气与外太空的过渡层。地球引力在这层已经很微弱，有些运动速度较快的气体原子可飞入宇宙空间。人造地球卫星可在该层绕地球运行。

4.1.2 气象要素

（1）气温

气温即大气温度，是表示大气冷热程度的物理量。气温的单位主要有摄氏度（℃）和华氏度（°F）。它们之间的关系为

$$t_2\ [°F] = 1.8×t_1\ [℃] +32 \tag{4.1}$$

（2）湿度

湿度是表征大气潮湿程度的物理量。根据实际应用的不同，有绝对湿度、水汽压和相对湿度等多个测量湿度的物理量。

绝对湿度是指一定体积的空气中含有水蒸气的质量，单位为 g/m^3。水汽压是指空气中水汽部分的压强，单位为百帕（hPa）。空气中的水汽压不能无限制地增加，当水汽压增大到某一个极限值时，空气中水汽就达到饱和，即饱和水汽压，单位为百帕。饱和水汽压的大小与温度有直接关系，随着温度的升高，饱和水汽压增大。

空气中的水汽压（e）与饱和水汽压（E）之间的比值称为相对湿度（f），相对湿度用百分数表示，即

$$f = \frac{e}{E} \times 100\% \tag{4.2}$$

市面上大部分温湿度计都可以测量气温和相对湿度。当相对湿度低于 40% 时，环境干燥；相对湿度在 40%~70%，环境舒适；相对湿度大于 70%，环境潮湿。我国北方普遍相对湿度低，南方相对湿度高。相对湿度与我们的生活环境息息相关。

（3）气压

气压即大气压强，是指作用在单位面积上的大气压力，单位为帕斯卡（Pa）或百帕（hPa）。气象学上把温度为 0℃、纬度为 45° 的海平面气压，称为标准大气压，标准大气压等于 1013.25 hPa。气压低于周边地区的区域为低气压，气压高于周边地区的区域为高气压。

地球上的气压带和风带的分布如图 4-2 所示。由于地球各处纬度高低不同，接受太阳辐射的多少也不同，于是形成了不同的气压区域，即气压带。气压带以赤道为中心，南北半球对称。纬度 0° 附近为赤道低气压带，南、北纬 30° 附近为副热带高气压带，南、北纬 60° 附近为副极地低气压带，南极和北极附近为极地高气压带。

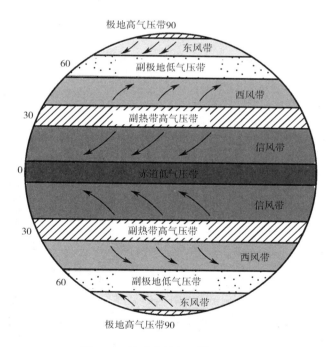

图 4-2　地球上的气压带和风带

（4）风

空气相对于地面的水平运动称为风。风可以使南北、东西和上下之间的空气发

生交换，同时伴有水汽、热量和动量的传递。风向是指风吹来的方向，例如，北方吹来的风称为北风。风速是指气流的前进速度，风速的单位为千米/小时（km/h）或米/秒（m/s）。根据风速的大小，可划分为0~17级的风力等级，风速越大，风力等级越高，风的破坏性就越大（表4-1）。

表4-1 风力等级标准

风力等级	名称	风速		陆地现象
		m/s	km/h	
0	无风	0.0~0.2	<1	静，烟直上
1	软风	0.3~1.5	1~5	烟表示风向
2	轻风	1.6~3.3	6~11	感觉有风，树叶微动
3	微风	3.4~5.4	12~19	树叶摇动不息，旌旗展开
4	和风	5.5~7.9	20~28	吹起尘土纸张，树的小枝摇动
5	清劲风	8.0~10.7	29~38	小树摇摆，内陆水面有小波
6	强风	10.8~13.8	39~49	大树枝摇动，电线呼呼有声
7	疾风	13.9~17.1	50~61	全树动摇，迎风步行困难
8	大风	17.2~20.7	62~74	折毁树枝，迎风步行很困难
9	烈风	20.8~24.4	75~88	烟囱、草房遭破坏，折断大树枝
10	狂风	24.5~28.4	89~102	吹倒树木，一般建筑遭破坏
11	暴风	28.5~32.6	103~117	拔起树木，一般建筑物损毁重大
12	飓风	32.7~36.9	118~133	陆上少见，摧毁力极大
13	—	37.0~41.4	134~149	—
14	—	41.5~46.1	150~166	—
15	—	46.2~50.9	167~183	—
16	—	51.0~56.0	184~201	—
17	—	56.1~61.2	202~220	—

地球上的风带以赤道为中心，南北半球对称，包括信风带、西风带和东风带（图4-2）。信风带位于赤道低气压带和副热带高气压带之间；西风带位于副热带高气压带和副极地低气压带之间；东风带位于副极地低气压带和极地高气压带之间。在压强梯度力和地转偏向力的作用下，各个风带的风向如图4-2中箭头所示。例如，北半球信风带，大气受压强梯度力从高气压向低气压运动，即从北向南。与此同时，大气受到地转偏向力的作用，地转偏向力的方向垂直于大气运动的右方。因此，北半球信风带常年盛行东北风。

4.2　主要天气系统

4.2.1　季风

季风是大范围盛行风向随季节有显著变化的风系。季风形成的主要原因包括海陆热力性质差异和地球风带的移动。

（1）海陆热力性质差异

由于海洋的比热容大于陆地，因此，海洋的温度变化比陆地小，海洋能够储存更多的热量。夏季时，陆地迅速升温，陆地温度高，气压低，海面温度相对较低，气压高，风从海洋吹向陆地；冬季时，陆地迅速降温，陆地温度低，气压高，海面温度相对较高，气压低，风从陆地吹向海洋。

（2）地球风带的移动

地球的气压带和风带会随着一年四季太阳直射点的不同而移动。北半球的春季和夏季时，太阳直射点逐渐向北移，地球风带也跟着向北移；北半球的秋季和冬季时，太阳直射点往南移，地球风带也跟着往南移。随着季节变化，风带发生交替变化的区域会有季风。

4.2.2　锋面

水平方向上，温度、湿度等气象要素均匀分布的大规模空气集团称为气团。依据温度的不同，可将气团分为冷气团和暖气团。冷气团和暖气团之间的交界面称为锋面。暖气团向冷气团推移的锋面为暖锋；反之，冷气团向暖气团推移的锋面为冷锋，如图4-3所示。锋面处，较轻的暖气团被抬升到较重的冷气团上。在抬升的过程中，空气中的水汽冷却凝结，形成的降水称为锋面雨。锋面雨是我国最常见的降水类型。

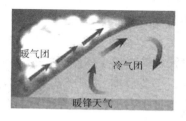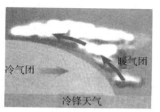

图4-3　暖锋和冷锋

4.2.3　寒潮

寒潮是来自高纬度地区的寒冷空气，大规模向中、低纬度侵袭的冷气团活动。

由于我国南方和北方气候差异较大，一般而言，北方采用的寒潮标准为 24 小时降温 10℃以上或 48 小时降温 12℃以上，且最低气温低于 4℃；南方采用的寒潮标准为 24 小时降温 8℃以上或 48 小时降温 10℃以上，且最低气温低于 5℃。

我国寒潮的发源地包括新地岛（位于北冰洋的巴伦支海和喀拉海之间）以西洋面上、新地岛以东洋面上和冰岛以南洋面上。寒潮主要通过三条路径入侵我国：从西伯利亚西部进入我国新疆；从西伯利亚中部和蒙古进入我国；从西伯利亚东部或蒙古东部进入我国东北地区。寒潮袭击会造成气温急剧下降，并伴有大风和雨雪天气，对工农业生产、群众生活和人体健康等都有较为严重的影响。

2016 年年初，一股"超级寒潮"从西伯利亚入侵我国，我国大部分地区开启"冰河模式"。这股"超级寒潮"是如何产生的呢？2015 年 12 月底，来自美国的强大风暴将中纬度地区的空气吸走，卷走了北大西洋的大量热量。北大西洋的西风在该风暴驱动下，紧急向北转向，从英国和冰岛之间，直接扑向北极。

2015 年 12 月 30 日，北极迎来强大风暴，气温急升 35℃，从 12 月 29 日的 −35℃跃升至 0.8℃，比北极往年冬季的正常气温高出近 30℃。由于外界暖空气大量侵入北极，原本稳定的极地涡旋系统失去平衡而分裂南下，北极的冷空气流向更低纬度的地方。

2016 年伊始，极地涡旋驻守在冰冷的西伯利亚，还未南下，我国气候与往年无异。2016 年 1 月 20 日起，来自西伯利亚的强冷空气席卷全国多地，我国遭遇"超级寒潮"。受其影响，南方出现大范围雨雪，69 个地区最低气温突破历史纪录。这股"超级寒潮"降温幅度大、极端性强、影响范围广，给南方地区的农林业生产、交通出行、供电和通信等带来较大影响。

4.2.4　热带气旋

热带气旋是发生在热带海洋上的气旋性环流。这里的气旋是指中心气压比四周气压低的水平空气涡旋，即低气压周围的水平空气涡旋。而反气旋是指中心气压比四周气压高的水平空气涡旋，即高气压周围的水平空气涡旋。北半球的气旋和反气旋如图 4-4 所示，压强梯度力从高压指向低压，地转偏向力在北半球垂直指向运动方向的右方，通过这两个力的共同作用，大气运动方向如图 4-4 中黑色箭头所示。北半球气旋呈逆时针旋转，反气旋呈顺时针旋转，南半球则正好相反。

热带气旋是一种危害很大的灾害性天气，常常带来狂风暴雨，引起风暴潮，威胁着人类的生命和财产安全。据统计，全球受热带气旋影响，平均每年死亡 2 万人，经济损失达 400 亿元以上。我国是世界上受热带气旋影响较严重的国家之一，从华南到东北漫长的沿海地区都受到过热带气旋的威胁。

热带气旋的能量来自于水蒸气凝结时释放出的潜热。热带气旋形成的必要条件主要包括海水温度高于 26.5℃，存在一定的地转偏向力，以及低层大气向中心辐合上升等。热带气旋在不同地区有不同称呼，西北太平洋的热带气旋称为台风，东北

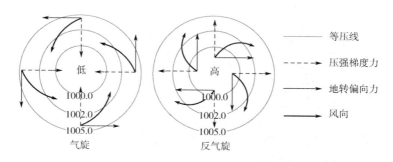

图 4-4　北半球的气旋和反气旋示意图

太平洋和大西洋的热带气旋称为飓风，印度洋的热带气旋称为热带风暴。

4.2.5　台风

台风是发生在西北太平洋的强热带气旋。根据台风中心附近最大风力，可将其分为六个等级。

（1）热带低压，风力 6~7 级，风速 10.8~17.1m/s；

（2）热带风暴，风力 8~9 级，风速 17.2~24.4m/s；

（3）强热带风暴，风力 10~11 级，风速 24.5~32.6m/s；

（4）台风，风力 12~13 级，风速 32.7~41.4m/s；

（5）强台风，风力 14~15 级，风速 41.5~50.9m/s；

（6）超强台风，风力 16 级以上，风速 51m/s 以上。

台风一般呈圆形或椭圆形，涡旋半径达 500~1000km，高度直到对流层顶。台风的生命周期一般为 3~8 天。台风中心为台风眼，台风眼平均直径 30~40km，风力小、气压低、晴空少云。台风属于气旋，在北半球呈逆时针方向旋转，在南半球呈顺时针方向旋转。

我国常年遭受台风侵袭，一般 5 月到 11 月，台风影响或登陆我国。其中，台风"桑美"是 1949 以来登陆浙江的最强台风，给我国造成了严重的损失。2006 年 8 月 5 日，"桑美"在关岛东南方向的西北太平洋洋面生成，生成后以 20~25km/h 的速度向西北方向移动。"桑美"在移动过程中，迅速加强；8 月 10 日，超强台风"桑美"在浙江省苍南县马站镇登陆，登陆时中心气压 920 百帕，中心附近最大风速超过 60m/s（图 4-5）。

"桑美"的主要特点为发展迅速，移动快，登陆后风力大，降雨强且集中。据不完全统计，"桑美"造成我国浙江、福建、江西、湖北 4 省共 665.65 万人受灾，因灾死亡 483 人，紧急转移安置 180.16 万人，农作物受灾面积 29.0 万 ha，倒塌房屋 13.63 万间，直接经济损失 196.58 亿元。

【例题 1】2015 年 10 月 4 日，台风"彩虹"的中心在广东省湛江市坡头区沿海登陆，登陆时中心附近最大风力 15 级，风速 50m/s。台风"彩虹"的中心是低气压

图 4-5　超强台风"桑美"卫星云图

还是高气压？台风"彩虹"属于哪个台风等级？旋转方向是哪种？

答：（1）台风均为热带气旋，气旋的中心为低气压，因此，"彩虹"的中心为低气压；（2）"彩虹"的中心附近最大风力 15 级，风速 50m/s，根据台风分级，"彩虹"属于强台风；（3）台风"彩虹"位于北半球，北半球气旋呈逆时针旋转，因此，"彩虹"的旋转方向为逆时针。

4.2.6　飓风

飓风是生成于大西洋或东北太平洋的强热带气旋。飓风和台风本质上相同，只是由于发生的地域不同，才有了不同的名称。根据萨菲尔-辛普森飓风等级，飓风分为五个等级，级数越高，飓风的最高持续风速越大。飓风等级如下：一级飓风，风速 33~42m/s；二级飓风，风速 43~49m/s；三级飓风，风速 50~58m/s；四级飓风，风速 59~70m/s；五级飓风，风速超过 70m/s。

等级高、风速大的飓风能够给人类带来巨大的灾难。例如，侵袭北美洲多个国家和地区的飓风"艾尔玛"（图 4-6）。在大西洋形成，最大风速达到 82.5m/s。2017 年 9 月 6 日，五级飓风"艾尔玛"横扫加勒比地区，圣马丁岛、波多黎各、安提瓜和巴布达等地区损失惨重。其中，"艾尔玛"率先登陆的岛国安提瓜和巴布达遭到的破坏最为严重，90% 的房屋被摧毁，整座岛屿几乎沦为废墟。9 月 8 日晚，飓风"艾尔玛"在古巴登陆，古巴东部和中部有 100 多万居民被紧急疏散。

2017 年 9 月 10 日，"艾尔玛"以四级飓风强度登陆美国最南端的佛罗里达群岛，最高风速达到 58.3m/s。美国佛罗里达州勒令约 650 万人撤离，创下美国史上天灾撤离人数的最高纪录，造成高速公路大堵塞，超市的饮用水等相关物资被当地居民抢购一空。飓风"艾尔玛"造成美国和加勒比地区 82 人死亡，700 多万人断电，以及难以估量的经济损失。

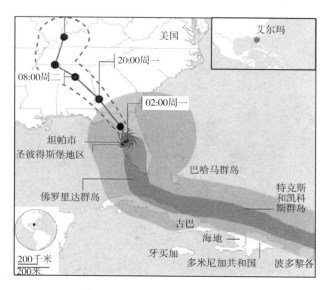

图 4-6 飓风"艾尔玛"的路径

4.3 当前气候问题

4.3.1 臭氧空洞

臭氧层位于大气的平流层，能够吸收 99% 的紫外线，使地球上的生物免受紫外线辐射的伤害。1984 年，英国科学家法曼首先发现大气臭氧在逐渐减少，并在南极上空发现臭氧空洞（图 4-7）。那么为什么会出现臭氧空洞呢？

科学界的主流观点认为，人类大量使用的氯氟烃，在大气对流层中不易分解，当其进入平流层后受到强烈紫外线照射，分解产生氯原子，氯原子同臭氧发生化学反应，使臭氧浓度减少，从而造成臭氧层的严重破坏。

为了保护大气的臭氧层，1987 年，在联合国环境规划署倡导下，许多国家共同签订了《蒙特利尔议定书》。该议定书旨在控制生产和使用对大气臭氧层有破坏性的化学物品，包括氯氟烃、哈龙、四氯化碳、甲基氯仿、甲基溴和含氢氯氟烃。《蒙特利尔议定书》得到了全球各国的广泛支持和参与，有效扼制了人类活动对臭氧层的破坏。从 2000 年到 2016 年，南极臭氧层正在逐渐修复，臭氧空洞的面积减少了 400 万 km^2。

4.3.2 温室效应

温室效应是指大气中的温室气体吸收地面发出的长波辐射，并发出长波辐射加热地面。地球大气中的温室气体包括水汽（H_2O）、二氧化碳（CO_2）、臭氧（O_3）、甲烷（CH_4）和氧化亚氮（N_2O）等。温室气体就像一层厚厚的玻璃，使地球变得

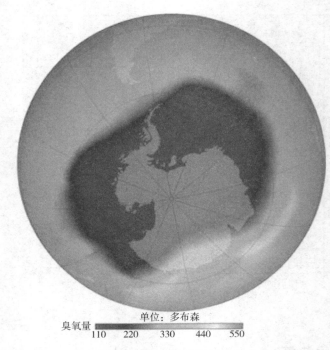

单位：多布森

臭氧量 ▮▮▮▮▮▮▮
110   220   330   440   550

图4-7　南极臭氧空洞

温暖。如果没有了温室气体，地表平均温度会降到-23℃，许多生物都无法生存。

　　然而，工业化以来，人类活动导致二氧化碳含量迅速增加，大大增强了原有的温室效应，即人为温室效应。大气中二氧化碳含量的增加，主要来自于人类燃烧煤、石油和天然气等化石燃料。根据夏威夷莫纳罗亚山温室气体监测站的测量结果（图4-8）显示，二氧化碳含量在持续增加。2015年，二氧化碳浓度超过400mg/kg（即百万分之400）。图4-8中，二氧化碳含量以一年为周期产生变化，这是由于北半球植物比南半球多，季节的更替会影响全球的光合作用，从而改变二氧化碳的含量。

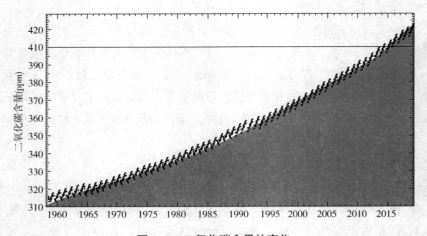

图4-8　二氧化碳含量的变化

二氧化碳的增加，致使海洋吸收了过量的二氧化碳，从而导致海水变酸，即海洋酸化现象。研究表明，人类活动释放的 CO_2 超过 1/3 被海洋所吸收。近 200 年间，海水表层的氢离子浓度增加了三成，pH 降低了 0.1。海水变酸改变了海水的化学平衡，使得多种海洋生物及生态系统面临巨大威胁。例如，海洋酸化会阻碍珊瑚礁的生长繁殖，如果按照目前的趋势发展，珊瑚礁可能在 21 世纪末消失。

4.3.3　全球变暖

全球变暖是指在一段时间内，大气和海洋温度上升的气候变化现象。全球温度变化如图 4-9 所示，横坐标为年份，纵坐标为温度距平，即实际温度与工业革命前平均温度的差。自 1900 年以来，全球温度逐渐上升，温度增加了 0.8℃以上。

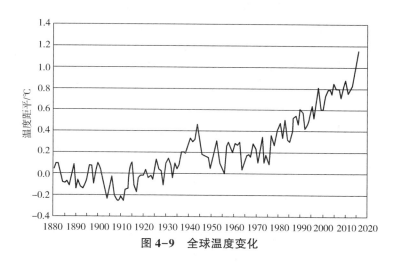

图 4-9　全球温度变化

地球为什么会变暖？大多数科学家认为，是由于人类的工业活动日趋激烈，温室气体浓度上升，温室效应不断累积，地球表面吸收的热量增加，进而导致全球变暖。全球变暖的原因仍存在一些争议，但是，全球变暖是客观存在的事实，并且会给人类带来严重的后果。全球变暖的影响主要包括以下几个方面。

（1）冰川、海冰融化

受全球变暖影响，地球上的冰川面积一直在缩减，科学家预计，到 2050 年，全球 1/4 以上的冰川将消失。我国青藏高原是长江、黄河、澜沧江和雅鲁藏布江等多条大河的源头，向亚洲近 20 亿人供应着淡水。然而，自 20 世纪 50 年代以来，已经有约 7600km² 的冰川消失，占青藏高原冰川总量的 18%。随着冰川的迅速消退，草原面积不断减小，荒漠化面积不断增加，河流水位不断下降，将来可能会发生严重的淡水危机。

北冰洋的海冰融化更为显著。1979 年以来，北冰洋夏季海冰的覆盖范围平均每年减少 1%。2012 年 9 月 16 日，北冰洋海冰覆盖范围仅为 341 万 km²，是目前记录的最低值（图4-10）。由于海水吸收的太阳辐射远多于海冰，北冰洋海冰的消退，会导致更多的太阳辐射被吸收，全球变暖将进一步加剧。

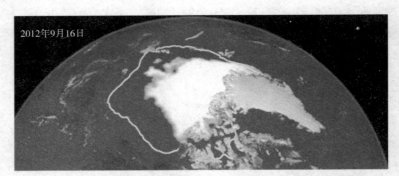

图4-10　北冰洋海冰覆盖范围（白线为常年平均海冰覆盖范围）

（2）极端天气频繁

极端天气是指某地区出现的历史上罕见的气象事件，包括台风、暴雨、洪水、热浪和干旱等。联合国世界气象组织的研究显示，在全球变暖背景下，极端天气发生的频率和强度都呈上升趋势。尤其是洪涝灾害和高温热浪，18%的强降水以及75%的高温天气都是全球变暖助推形成的。极端天气的频繁发生，严重影响了人类的生活和发展。

（3）海平面上升

海平面上升是指由于全球变暖，导致海面平均高度上升。20世纪，全球海平面上升了150mm左右（图4-11）。据气候学家预计，21世纪海平面很可能上升1.5m。海平面上升的直接原因是冰川融化和海水热膨胀。其中，格陵兰岛和南极的冰川一旦发生大面积消减，全球海平面将大幅上升，荷兰、伦敦、纽约和上海等许多沿海地区将面临被淹没的风险。

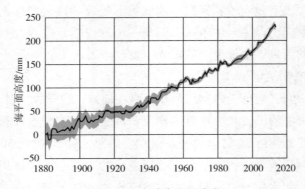

图4-11　全球海平面变化

目前，全球海平面上升的过程相对缓慢，但对于许多太平洋岛国来说，海平面上升已经危及它们的生存。马绍尔群岛位于北太平洋，平均海拔仅2m，1986年脱离美国，独立为主权国。马绍尔群岛曾经是美国核试验基地，而现在这里正面临着海平面上升的威胁。海水倒灌、土地盐碱化、农作物枯死、淡水污染，海平面上升严重影响着当地居民的生活。

图瓦卢是世界面积第四小的国家，最高海拔4.5m，由9个环形珊瑚岛群组成。2001年，图瓦卢政府宣布"对抗海平面上升的努力已经失败"，面对海平面上升，图瓦卢的居民将会逐步撤离。图瓦卢是世界上第一个因海平面上升而举国迁移的国家，也很可能成为第一个沉入海底的国家。

（4）大量物种灭绝

全球变暖会导致部分动植物因环境的种种不适应而发生种群数量减少，生态退化，濒危物种灭绝。如果人类不采取必要措施，任由全球气候变暖，按目前趋势持续发展下去，2100年，将有1/6的物种会灭绝。

例如，生活在北冰洋的北极熊，是陆地上最大的肉食动物。北极熊能在寒冷恶劣的环境下生存，一次能游100多km，能靠体内脂肪维持生存而数月不进食。然而，全球气候变化导致海冰减少，直接影响了北极熊的觅食和生存环境。有的北极熊因找不到食物而饿死，有的因找不到浮冰而淹死。据科学家统计，2001—2010年，美国阿拉斯加州北部的北极熊数量减少了约40%。在全球变暖的大趋势下，海冰逐渐减少，北极熊将难以在北冰洋生存。

为了应对全球气候变化，2015年12月12日，《联合国气候变化框架公约》的195个缔约方，在巴黎气候变化大会上一致同意通过《巴黎协定》。这是继1997年的《京都议定书》之后，应对气候变化、遏制全球变暖趋势的另一份具有法律约束力的气候协议。《巴黎协定》致力于降低碳排放，令全球经济在2050年以后不再依赖化石燃料，把全球平均气温升幅控制在工业革命前水平的2℃之内，并努力将气温升幅限制在工业化前水平的1.5℃之内。

《巴黎协定》的签署，为削减全球温室气体排放，减缓全球气候变暖设定了宏伟的目标。但是，《巴黎协定》对各缔约国仅规定了几项有约束力的义务，而对行动的实质内容和力度并没有强制性的要求。《巴黎协定》的最终落实还需要各缔约方的进一步努力。减少化石燃料使用，实现全球低碳能源转型，仍然长路漫漫。

4.3.4 厄尔尼诺现象和拉尼娜现象

厄尔尼诺是指热带太平洋中部和东部，海面温度异常上升的现象。厄尔尼诺存在一定的周期性，通常3~7年发生一次。厄尔尼诺所引起的海面温度异常与热带太平洋的大气环流密切相关，属于典型的海气相互作用现象。

热带太平洋的大气环流变化，通常用南方涛动指数来表示。南方涛动指数等于热带东太平洋与热带西太平洋的气压差。由于厄尔尼诺与南方涛动存在显著的相关关系，科学家将它们合称为恩索。那么，在厄尔尼诺事件上，海洋和大气是如何相互作用的？

　　正常状况下，东太平洋的水温低，气压高，赤道附近的海水在东风推动下自东向西流动（图4-12）。发生厄尔尼诺时，东太平洋海表面温度升高，东太平洋的气压降低，赤道附近东风变弱，更多的暖水留在了东太平洋，导致东太平洋海表面温度进一步升高。这个正反馈机制保证了厄尔尼诺的形成和发展。

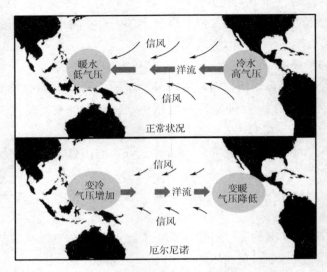

图4-12　正常状况和厄尔尼诺现象的对比

　　厄尔尼诺会导致全球气候异常，印度尼西亚、澳大利亚、非洲东南部和南亚等地区严重干旱，秘鲁、厄瓜多尔、哥伦比亚和美国南部等地区暴雨成灾。厄尔尼诺对我国的影响主要为登陆我国的台风减少，北方地区高温、干旱，南方地区暴雨、洪涝。

　　例如，1998年的特大洪水，就是1997—1998年强厄尔尼诺事件所引发的。1998年夏季，大范围的持续降雨导致我国长江、嫩江、松花江发生全流域型特大洪水。这次特大洪水影响范围广，持续时间长，洪涝灾害严重。据统计，我国农田受灾面积2229万公顷，死亡4150人，倒塌房屋685万间，直接经济损失2551亿元。值得铭记的是，中国人民解放军日夜奋战在抗洪第一线，确保了人民的生命和财产安全，大大减少了灾害造成的损失。

　　拉尼娜是指热带太平洋中部和东部的海水异常变冷的现象。拉尼娜与厄尔尼诺相反，一般在厄尔尼诺之后出现（图4-13）。拉尼娜的强度比厄尔尼诺弱，对地球的影响也较为温和，但也会给全球许多地区带来灾害。拉尼娜所造成的全球气候异常包括印度尼西亚、澳大利亚东部、巴西东北部、印度和非洲南部等地降水偏多，阿根廷和美国东南部等地容易出现干旱。对于我国来说，拉尼娜会使得登陆我国沿海地区的台风增多，我国大部分地区冬天更冷，夏天更热。

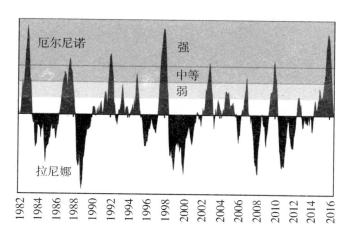

图4-13 厄尔尼诺与拉尼娜现象发生的时间

习题

1. 下面哪一层大气最接近地球表面？（   ）

A. 对流层   B. 平流层   C. 中间层   D. 热层

2. 臭氧主要位于地球大气中的哪一层？（   ）

A. 对流层   B. 平流层   C. 中间层   D. 热层

3. 高纬度地区经常出现的极光是在哪一层？（   ）

A. 热成层   B. 中层   C. 平流层   D. 对流层

4. 近地面大气的热量主要来自于(   )。

A. 太阳辐射   B. 大气辐射

C. 大气逆辐射   D. 地面和海面辐射

5. 2019年1月31日，广州市的湿度为79%，这里的湿度是指(   )。

A. 绝对湿度   B. 相对湿度   C. 水汽压   D. 饱和水汽压

6. 回南天是华南地区广西、广东、福建、海南对一种天气现象的称呼，回南天的普遍特点是(   )。

A. 温度降低，湿度降低   B. 温度降低，湿度上升

C. 温度上升，湿度降低   D. 温度上升，湿度上升

7. 南半球信风带属于哪种风？（   ）

A. 东北风   B. 东南风   C. 西北风   D. 西南风

8. 北半球西风带属于哪种风？（   ）

A. 东北风   B. 东南风   C. 西北风   D. 西南风

9. 我国南极中山站（纬度69.37°S，经度76.37°E）的国旗常年向哪个方向飘扬？（   ）

A. 东北　　　　　　B. 西北　　　　　　C. 东南　　　　　　D. 西南

10. 冷暖气流相遇所形成的降水类型是哪种？（　　）

A. 锋面雨　　　　　B. 对流雨　　　　　C. 地形雨　　　　　D. 气旋雨

11. 我国寒潮几乎不可能来自于（　　）。

A. 北极地带　　　　B. 蒙古　　　　　　C. 阿拉斯加　　　　D. 西伯利亚

12. 下面哪份文件是为了解决臭氧空洞而提出的？（　　）

A. 《京都议定书》

B. 《巴黎协定》

C. 《蒙特利尔议定书》

D. 《关于持久性有机污染物的斯德哥尔摩公约》

13. 下面哪种气体不属于温室气体？（　　）

A. 二氧化碳　　　　B. 水汽　　　　　　C. 臭氧　　　　　　D. 氮气

14. "地球上60亿人都应该向我们说抱歉"是哪个国家的居民面对海平面上升而说的？（　　）

A. 图瓦卢　　　　　B. 马绍尔群岛　　　C. 马尔代夫　　　　D. 瑙鲁

15. 拉尼娜现象对气候的主要影响是（　　）。

A. 全球气温升高　　　　　　　　　　B. 全球降水总量增多

C. 海洋酸化　　　　　　　　　　　　D. 全球气候异常

16. 大范围盛行风向随季节有显著变化的风系，被称为_____。

17. 在给故去的人烧纸钱时，为什么有时会有旋风？

18. 2016年1月，我国遭遇了30年来最强寒潮，这与全球变暖是否矛盾？为什么？

19. 2015年2月，海水涨潮和风暴潮导致的洪水，恣意扫荡基里巴斯的首都塔拉瓦，房屋被淹没，道路和海堤受损严重。基里巴斯位于哪里？你建议岛上的居民做些什么来拯救自己的家园？

20. 纪录片《难以忽视的真相》是如何介绍全球变暖的？并说说你对全球变暖的看法。

5 海洋灾害

海洋灾害是指海洋环境发生异常或激烈变化，导致海上或海岸发生的灾害。海洋灾害可分为海洋气候灾害、海洋地质灾害和海洋生态灾害三大类。

海洋气候灾害是指与大气活动密切相关的海洋灾害，包括风暴潮、海雾、海冰和缺氧灾害等；海洋地质灾害是指海岸或海底发生的灾害性地质事件，包括海岸侵蚀、咸潮、海啸和海底火山喷发等；海洋生态灾害是指局部海域一种或少数几种海洋生物数量过度增多引起的海洋生态异常现象，包括赤潮、绿潮和外来物种入侵等。

各种海洋灾害对海洋环境造成巨大影响，并危害人类生存空间。我国沿海地区人口稠密，经济发达，海上各类生产活动蓬勃发展，一旦受到海洋灾害的袭击，往往会造成重大经济损失和人员伤亡。我国的海洋灾害沿海岸线从北到南均有发生，甚至延伸到内陆地区，是世界上海洋灾害最严重的国家之一。近20年来，我国海洋灾害造成的经济损失大约增长了30倍，每年约在120亿元，受灾人口高达1400万。随着沿海地区的经济发展，海洋灾害所造成的经济损失呈增长趋势，其增长速度远远高于其他种类的自然灾害。

5.1 海洋气候灾害

5.1.1 风暴潮

风暴潮是由于强烈的大气扰动，导致海面异常升高的现象。风暴潮分为两类，一类是由温带气旋引起的温带风暴潮，另一类是由台风引起的台风风暴潮。温带风暴潮持续时间长，潮水上涨平缓，多见于春季和秋季；台风风暴潮来势猛、速度快、破坏力强，多见于夏季和秋季。如果风暴潮恰好与潮汐高潮叠加，则水位暴涨，会酿成巨大灾害。风暴潮灾害一般分为四个等级，即轻度潮灾、较大潮灾、严重潮灾和特大潮灾。

风暴潮曾经给世界人民造成过巨大的创伤。1959年9月26日，日本伊势湾地区遭受了日本历史上最严重的风暴潮灾害，最高潮位达5.81米。伊势湾沿岸水位猛增，汹涌的潮水扑向堤岸，防潮海堤短时间内即被冲毁。此次风暴潮灾害共造成了5180人死亡，受灾人口达150万；1970年11月13日，孟加拉湾沿岸发生了震惊世界的风暴潮灾害，超过6米的风暴潮夺去了30万人的生命，100多万人无家可归，50万头牲畜溺死。

我国也是风暴潮灾害非常严重的国家之一，近20年来风暴潮造成的经济损失高达 2500 亿元，约占全部海洋灾害的 94%。例如，2014 年，我国沿海共发生台风风暴潮 5 次（图 5-1），温带风暴潮 4 次，主要影响我国广东雷州半岛东岸和海南东北部沿海地区，造成直接经济损失 135.78 亿元。其中，超强台风威马逊导致的风暴潮给我国带来严重损失，受灾人口 543.7 万人，水产养殖受灾面积 37.6 千公顷，损毁海堤、护岸 52.7km，直接经济损失 80.8 亿元。风暴潮灾害已经成为我国沿海对外开放和社会经济发展的一大制约因素。

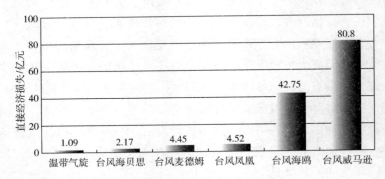

图 5-1　2014 年风暴潮灾害经济损失

5.1.2　海雾灾害

海雾灾害是指沿海或海洋区域的雾所造成的灾害。空气中的水汽凝结成细微的水滴悬浮于空中，导致水平能见度下降的天气现象称为雾。海雾在海洋影响下生成，且水平能见度低于 1km 以下。

海雾一般可分为 4 类，即平流雾、混合雾、辐射雾和地形雾。①平流雾：空气平流作用在海面上生成的雾；②混合雾：海上风暴产生降水后，水分蒸发，空气中的水汽接近或达到饱和状态而形成的雾；③辐射雾：海面浮膜或冰层的辐射冷却作用，使海面水汽凝结而形成的雾；④地形雾：海岸附近地形的动力或热力作用而形成的雾。

海雾属于海上灾害性天气之一，海雾中含有的盐分会导致沿海和海上建筑腐蚀、生锈。同时，海雾对海上航行和海上作业危害极大。航行中的船只遭遇海雾时，极易发生偏航、触礁、搁浅和相撞等海上航行事故。1950—1987 年的船舶海上航行事故统计显示，因恶劣能见度而造成的海难事故，占事故总数的首位，达 33%。

1993 年 4 月 11 日，装备有先进的导航雷达和船舶自动避撞系统的我国科学考察船"向阳红 16"号，航行在济州岛附近，因海雾弥漫，能见度极差，与塞浦路斯油轮"银角"号相撞。"向阳红 16"号被拦腰撞穿一个大洞，海水大量涌入，短短 30 分钟后，"向阳红 16"号就沉入大海。这次海难造成 3 人死亡，以及无法估量的国家财产和资料损失。

5.1.3　海冰灾害

海冰灾害是指高纬度地区海水结冰造成的灾害。海冰的破坏力非常大，著名的泰坦尼克号就是与冰山相撞，造成船只进水而沉没。泰坦尼克号沉没事故是和平时期死伤人数非常惨重的海难，超过 1500 人丧生。海冰灾害的影响，包括航道阻塞、船只和海上设施损坏、港口码头封冻、水产养殖受损等，直接或间接造成生命和财产损失。

我国北方海域纬度较高，每年都有结冰现象出现，海冰灾害主要发生在渤海和黄海北部。2010 年 1 月 4 日至 8 日，在冷空气持续不断的袭击下，渤海和黄海北部的冰情范围迅速扩大，海冰范围达到 4.6 万 km^2，其中，渤海海冰分布面积占渤海总面积的 51%。2010 年的海冰灾害是 30 年来同期最严重的冰情，损毁船只 7157 艘，封冻港口、码头 296 个，水产养殖受灾面积 208 千公顷，直接经济损失 63 亿元。海冰灾害对我国的交通运输、渔业养殖生产、海上油田作业以及黄渤海沿岸和岛屿的群众生活都造成了严重影响。

5.1.4　缺氧灾害

海水中溶解氧气的量，称为溶解氧，单位为毫克/升（mg/L）。溶解氧的来源主要为大气中的氧气以及海洋植物的光合作用。海水中溶解氧的平均浓度为 6mg/L，当溶解氧浓度低于 4mg/L 时，水中的鱼类会呼吸困难。水体缺氧还会导致硫酸盐还原菌将硫酸盐和含硫化合物还原为硫化氢，硫化氢气味恶臭，且对大多数生物有毒害作用。黑海的深水层、亚速尔海和波罗的海都有因缺氧导致硫化氢聚集的现象发生。

目前，燃烧化石燃料所引发的气候变化正导致海洋温度升高。而水温越高，溶解氧含量越低。化肥和污水从陆地进入海洋，也会导致沿岸海域出现缺氧区。自 1950 年以来，海洋中的缺氧区面积已增加 3 倍，沿岸海域的缺氧区数量更是激增了 9 倍。海洋的整体含氧量下降了 2%，相当于 770 亿 t。严重缺氧将导致海洋动物大面积死亡。例如，2013 年 2 月，冰岛斯奈山半岛附近海湾，由于填海造陆和大桥修建导致海水缺氧，2.5 万~3 万 t 鱼死亡。缺氧区的持续扩大，将引发部分海洋生物灭绝，给靠海生活的人带来严重后果。

5.2　海洋地质灾害

5.2.1　海岸侵蚀

海岸侵蚀是指波浪、潮汐和海流等海水运动对海岸的冲刷破坏过程。海岸侵蚀的原因包括海平面上升、入海河流泥沙减少、沿海采砂、滩涂围垦、海岸工程不合理和海滩植被破坏等。海岸侵蚀造成沿岸土地流失、海岸设施损坏，甚至严重影响海堤、沿海公路和港口码头的安全，每年造成的直接和间接经济损失超过20亿元。防止海岸侵蚀的重要手段，包括建立海岸带监测网络、开展灾害风险评估、修筑沿海堤坝和种植水生植物等。

　　海岸侵蚀在我国18000多km的大陆海岸线和14000多km的岛屿岸线上普遍存在，约70%的沙质海岸和几乎所有的淤泥质海岸均存在海岸侵蚀现象。例如，海南省文昌市由于过度采挖珊瑚礁，造成海岸侵蚀严重，仅10年时间，海水向内陆推进230米，年平均速度超过20米。海岸侵蚀导致文昌市土地流失严重，沿岸建筑浸泡水中，大量椰林被海水倒灌，渔业和旅游资源遭受严重破坏。

5.2.2　咸潮

　　咸潮是指沿海地区海水通过河流或其他渠道倒流进入陆地。咸潮发生的主要原因包括：①潮汐作用。涨潮时，海水沿河道自河口向上游上溯，致使海水倒灌，河水变咸；②河流径流量小。咸潮多发生于河流的枯水期，河流上游的径流量越小，河流水位越低，海水越容易倒灌入河流；③地面沉降。过度开采地下水和大量开采油气田，容易导致地面下沉，从而引发咸潮；④海平面上升。海平面上升是一个非常缓慢的过程，但长时间的累积会导致咸潮发生的频率增加。

　　咸潮对居民生活、工业生产和农业灌溉都有相当大的危害。日常生活中，饮用变咸的自来水，容易导致血压升高、动脉硬化等健康问题；工业生产中，使用含盐分多的水会损害机器设备；农业生产上，使用咸水灌溉农田，会导致土地盐碱化，农作物枯萎甚至死亡。防治咸潮的方法有建立预警系统、调控上游水量、增大水库存水量和节约用水等。

　　2014年，我国珠江口和长江口均遭遇多次咸潮入侵，如表5-1所示。其中，2014年2月，长江口遭遇了1993年以来时间最长的一次咸潮入侵。咸潮于2月4日开始，持续时间23天，咸潮过程中的最高盐度为9.03。这次咸潮入侵远远超过了水库承受咸潮的能力，部分水库氯化物浓度超标，自来水水质发黄、变咸、有异味。水质变化影响了上海市宝山、普陀、嘉定等部分地区的大约200万市民的生活。

5.2.3　海啸

　　海啸是由海底地震、火山爆发和海底滑坡等引起海水强烈起伏的破坏性海浪。海啸的波速高达每小时700～800km，波长达数百km，几小时内就能横跨大洋。大洋里海啸的波高不足一米，但到达海岸浅水地带时，波长减短而波高急剧增高，形成含有巨大能量的"水墙"。海啸形成的巨浪摧毁堤岸，淹没陆地，夺走生命和财产，破坏力极大。

表 5-1　　　　　　　　　　2014 年我国咸潮入侵统计表

监测区域	起始日期	持续时间（天）	最高盐度（psu）
珠江口	1 月 9 日	10	7.30
	1 月 22 日	9	7.56
	2 月 4 日	15	11.06
	2 月 20 日	10	7.97
	3 月 7 日	10	6.70
	11 月 3 日	3	3.52
	12 月 1 日	7	7.19
	12 月 12 日	15	9.01
长江口	1 月 5 日	10	1.26
	2 月 4 日	23	9.03
	3 月 4 日	8	1.00
	4 月 3 日	4	0.77

　　历史上，全世界发生了多次重大海啸，如表 5-2 所示。其中，印度洋地震和海啸造成 29 万人死亡，是有历史记录以来死伤最惨重的海啸灾难。2004 年 12 月 26 日，印度尼西亚苏门答腊岛附近海域发生强度达里氏 9.3 级的特大地震，地震激起超过 10 米的海啸，海啸迅速席卷印度洋沿海的东南亚、南亚和非洲各国。印度尼西亚损失最为惨重，23.4 万人死亡，61.7 万人无家可归，亚齐省西南岸的 17 个村庄从地图上消失。

表 5-2　　　　　　　　　　　　　　重大海啸记录

日期	受害地区	浪高/m	死亡人数
1755 年 11 月 1 日	欧洲西部、摩洛哥和西印度群岛	50	80000
1771 年 4 月 24 日	琉球群岛	85	11941
1883 年 8 月 26 日	爪哇岛和苏门答腊岛	20	36000
1896 年 6 月 15 日	日本东北	24	27122
1946 年 4 月 1 日	美国阿留申群岛、夏威夷和加州	32	165
1960 年 5 月 22 日	智利、夏威夷群岛和日本	25	1260
1976 年 8 月 16 日	菲律宾群岛	30	5000
2004 年 12 月 26 日	印度洋	30	292206
2011 年 3 月 11 日	日本	40.5	11232

　　在科技早已今非昔比的 21 世纪，印度洋海啸为何会造成前所未有的人员伤亡？

其中一个主要原因是地震发生后，民众没有意识到可能会发生海啸，印度洋沿海各国也没有预报海啸和疏散人群。印度洋海啸发生后，以往乏人问津的海啸成为科学研究的热点，全球已有上千位专门研究海啸的科学家，数量是海啸发生前的 10 倍。在德国、澳大利亚等国的帮助下，印度洋沿海各国已经初步建立起了海啸预警系统，避免悲剧的再次发生。随着历史资料的深入分析和数值模拟（数值模拟是指针对海洋科学建立数学模型，利用高性能计算机进行大规模科学计算的研究手段）的发展，海啸预警系统将不断完善，海啸灾害可大大减轻。

5.3 海洋生物灾害

5.3.1 赤潮

赤潮是指海洋水体中某些微小的浮游植物、原生动物和细菌在一定的环境条件下突发性增殖和聚集，引发水体变色的现象。赤潮并不一定是红色，根据引发赤潮的生物种类和数量的不同，赤潮会呈现黄、绿、褐等不同颜色。

赤潮发生的条件包括：①海水富营养化，氮和磷的含量超标；②海水中含有一定量的铁和硅；③海水温暖，光照条件适宜；④风平浪静，水流缓慢。其中，赤潮发生的根本原因是含有氮和磷的生活污水、农业废弃物和工业废水流入海洋后，导致海水富营养化。

赤潮可分为有毒赤潮和无毒赤潮两种类型。有毒赤潮是指赤潮生物分泌毒素毒害鱼类等海洋生物，并对人类健康产生危害的赤潮。无毒赤潮是由体内不含毒素的赤潮生物所形成。无毒赤潮生物大量繁殖后，会造成海域严重缺氧，鱼类和无脊椎动物窒息死亡，海洋生态结构被破坏。我国沿海大多数赤潮属于无毒赤潮。

近年来，由于海洋污染日益加剧，我国沿海赤潮从分散的少数海域，发展到成片海域，赤潮发生频率逐年增加，海洋生态环境逐渐恶化。20 世纪 60 年代以前，渤海没有赤潮记录；70 年代，渤海仅发生赤潮 3 次；80 年代，渤海发生赤潮 19 次；90 年代，渤海发生赤潮 27 次；2000 至 2008 年，渤海已发生赤潮 88 次。

2014 年，我国管辖海域共发现赤潮 56 次，累计面积达 7290km²，赤潮发生海域如图 5-2 所示。赤潮高发期为 5 月，共发现赤潮 22 次。东海发现赤潮次数最多，为 27 次。渤海赤潮累计面积最大，为 4078km²。引发赤潮的优势藻类共 13 种，主要包括东海原甲藻、夜光藻和抑食金球藻等。

5.3.2 绿潮

绿潮是指海水中某些大型绿藻（如浒苔）爆发性增殖或高度聚集，而引起水体变色的有害生态现象。浒苔呈鲜绿色，属于绿藻纲石莼属。大量浒苔漂浮在海面，会阻塞航道，破坏海洋生态系统，严重威胁沿海渔业和旅游业发展。

2008 年 6 月中旬，青岛沿海出现了大量浒苔，覆盖了奥运会的帆船比赛场地，严重影响运动员的海上训练。浒苔灾害发生后，青岛举全市之力应对浒苔灾害。众多解放军、志愿者，以及各个单位的人员在沿海一线展开了对浒苔的围追堵截。每天参与打捞和运输的人员超过 1 万人，投入各类船只 1000 多艘，累计清理浒苔超过 62 万 t。终于在奥帆赛正式开始之前清除了浒苔，保证了比赛的顺利进行。

2008 年以来，国家海洋局每年都监控黄海绿潮的状况，如图 5-2 所示。2012 年到 2016 年，黄海绿潮最大分布面积呈现递增的趋势。2016 年 6 月 25 日，黄海绿潮最大分布面积约 57500km^2，为近年来的最大值。

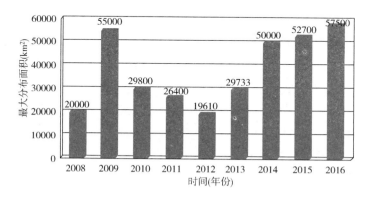

图 5-2 黄海绿潮最大分布面积

目前，绿潮不只在黄海暴发，我国其他地区也遭到浒苔侵袭。例如，每年春节期间，广西北海市都遭到大量浒苔侵袭，十里银滩变绿滩。浒苔暴发的主要原因是工业、农业、畜牧业和养殖业的污水未经处理排入海洋中，导致海水富营养化。虽然浒苔没有毒性，但浒苔堆积在海边腐烂，消耗大量氧气，改变近岸海水环境，造成污染。

5.3.3 外来物种入侵

外来物种入侵是指外来物种到达新地区后，在新栖息地暴发性生长并失去控制。生物入侵的主要途径有自然入侵和人为活动两种。自然入侵的物种随着风、水流和动物迁徙等方式入侵；人为活动入侵还可以分为无意引进和有意引进。无意引进的外来物种借助人类或交通运输工具，转移并扩散到其他区域。有意引进的外来物种，通常是为了养殖、观赏和生物防治等目的。目前，我国确认的外来入侵物种已达 544 种，其中，大面积发生并危害严重的达 100 多种。我国已成为外来物种入侵最严重的国家之一，每年经济损失超过两千亿元，严重破坏了原有的海洋生态环境。

例如，原产于欧洲的大米草，20 世纪 60~80 年代从英、美等国引入到我国，初衷是抵御风浪、保滩护岸、促淤造陆［图 5-3（a）］。然而，仅仅三四十年的时间，疯狂生长的大米草大面积覆盖了我国沿海滩涂。原先生长红树林、海草的地方被挤占，航道淤塞，滩涂生态失衡，儒艮、鱼、贝、虾、蟹等生物失去了栖息环境。目前，大米草已经传播到北起辽宁锦西，南至广西合浦的 100 多个市县的沿海滩涂，严重威胁我国海岸生态安全。

沙饰贝，又称沙筛贝，也是外来物种入侵我国的典型例子［图 5-3（b）］。沙饰贝个体大小 2~32mm，是一种小型的饰贝科双壳软体动物。沙饰贝原产于中美洲热带海域，由于航运原因，现在在世界各地都被发现。沙饰贝生活能力和繁殖能力极强，生长迅速，并排挤当地物种，严重影响渔业生产。厦门马銮湾海域的浮筏、桩柱等养殖设施表面几乎全部被沙饰贝占据，原有数量很大的藤壶、牡蛎等都被排挤掉了。

未经调研、不恰当地引入外来物种会带来负面影响。相反，经过充分调研，有针对性地引进优良动植物品种，既可丰富生物多样性，又能带来诸多效益。例如，20 世纪 70 年代，联合国粮农组织在世界范围内积极推广罗非鱼养殖，使其成为改善第三世界国家蛋白质结构的肉食鱼种。罗非鱼，俗称非洲鲫鱼或福寿鱼，原产于非洲，在海水和淡水中均可生存［图 5-3（c）］。罗非鱼具有极强的繁殖能力和适应能力，在面积狭小、溶解氧少的水中也能生长。罗非鱼生长快、肉多刺少、肉质好、味道鲜，含有多种不饱和脂肪酸和丰富的蛋白质，有"水中鸡肉"的美誉。

(a)　　　　　　(b)　　　　　　(c)

图 5-3　我国典型的外来物种　(a) 大米草　(b) 沙饰贝　(c) 罗非鱼

近年来，在全球性的罗非鱼养殖热潮中，我国的产量连拔头筹。2014 年，我国的罗非鱼产量达 150 多万 t，约占全球的四成。其中，广东省茂名市从 20 世纪 50 年代引入罗非鱼养殖，经过多年发展，全市罗非鱼养殖面积 22 万亩，年产罗非鱼 18 万 t，产量占全国的 1/6，成为国内最大的罗非鱼产区。罗非鱼属于外来入侵物种，但罗非鱼养殖产业的发展，对许多国家的食品结构的合理改变和居民就业有着重要的意义。

习题

1. 下列不属于海洋灾害的是(　　　　)。

A. 海啸　　　　　B. 风暴潮　　　　　C. 潮汐　　　　　D. 赤潮

2. 下列关于风暴潮的叙述，正确的是(   )。

A. 多发生在热带洋面 　　　　　　　B. 地震可以诱发风暴潮

C. 由热带气旋和温带气旋引发 　　　D. 四大洋都可能发生风暴潮灾害

3. 一般来说，水平能见度低于多少时，可以称之为海雾。(   )

A. 1km 　　　　　B. 2km 　　　　　C. 3km 　　　　　D. 4km

4. 我国东部沿海地区最不容易发生咸潮的季节是(   )。

A. 春季 　　　　　B. 夏季 　　　　　C. 秋季 　　　　　D. 冬季

5. 咸潮多发生在我国哪些地区？(   )

A. 北方沿海 　　　B. 降水突发地区 　　C. 河流入海口 　　D. 多台风地区

6. 当河流发生咸潮时，除造成淡水短缺外，还可能造成的生态环境问题是(   )。

A. 地面沉降 　　　B. 土地盐碱化 　　　C. 阻塞航道 　　　D. 发生赤潮

7. 引发赤潮的污染物主要为(   )。

A. 重金属盐 　　　B. 氮、磷营养物 　　C. 固体废弃物 　　D. 泄露的石油

8. 赤潮对生物造成严重危害。下列说法不正确的是(   )。

A. 赤潮是水体富营养化的结果

B. 含磷洗涤剂的广泛使用与排放是发生赤潮的原因之一

C. 在封闭的海湾更易发生赤潮

D. 阳光越弱，赤潮越容易发生

9. 2014 年，我国赤潮发生最频繁的海区是(   )。

A. 渤海 　　　　　B. 黄海 　　　　　C. 东海 　　　　　D. 南海

10. 下面哪个物种不属于入侵我国的外来物种(   )。

A. 福寿螺 　　　　B. 大米草 　　　　C. 沙筛贝 　　　　D. 带鱼

11. 图 5-5 是某近海海域中浮游生物与鱼类发展过程的示意图（时间顺序 $t_1 \rightarrow t_2 \rightarrow t_3$，阴影区代表浮游生物，黑点代表鱼类）。经过实地观察，海水变成了红色，这表明该海域海水发生了哪种海洋灾害？这种灾害发生的条件有哪些？

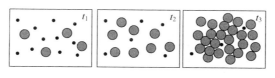

习题 11

12. 除大米草和沙筛贝之外，还有哪个外来入侵物种破坏了我国近海原有的生态环境？并简要介绍这个物种。

6 海洋污染

自 20 世纪以来，随着社会经济的发展，人类对海洋的利用和影响逐渐加大，海洋环境受到空前冲击，曾经的碧海蓝天和鱼翔浅底在某些海域已经不复存在。20 世纪后期，我国快速发展，海洋环境污染越来越严重，无度、无序、不负责任地开发和利用，导致海水水质下降，海洋资源被破坏，海洋生态系统到了崩溃的边缘。

6.1 海水水质

6.1.1 水质划分

根据我国制定的《海水水质标准 GB 3097—1997》规定，海水水质划分如下。

第一类：清洁海域。适用于海洋渔业水域，海上自然保护区和珍稀濒危海洋生物保护区。

第二类：较清洁海域。适用于水产养殖区，海水浴场，人体直接接触海水的海上运动或娱乐区，以及与人类食用直接有关的工业用水区。

第三类：轻度污染海域。适用于一般工业用水区，滨海风景旅游区。

第四类：中度污染海域。适用于海洋港口水域，海洋开发作业区。

劣五类：严重污染海域。劣于国家海水水质标准中第四类海水水质的海域。

根据国家经济发展水平、环境保护需求和环境政策法律等因素，在一定时空范围内，海水中允许的污染物浓度法定指标体系称为海水水质标准。海水水质标准共有 35 项水质指标，如表 6-1 所示。我国各种海洋功能区域均可依据海水水质标准，判断水质是否达标，以评价海洋环境状况。

表 6-1　　　　　　　　　　　海水水质标准　　　　　　　　（单位：mg/L）

序号	项目	第一类	第二类	第三类	第四类
1	漂浮物质	海面不得出现油膜、浮沫和其他漂浮物质			海面无明显油膜、浮沫和其他漂浮物质
2	色、臭、味	海水不得有异色、异臭、异味			海水不得有令人厌恶和感到不快的色、臭、味
3	悬浮物质	人为增加的量≤10		人为增加的量≤100	人为增加的量≤150

续表

序号	项目	第一类	第二类	第三类	第四类
4	大肠菌群≤ （个/L）	10000 供人生食的贝类增养殖水质≤700			—
5	粪大肠菌群≤ （个/L）	2000 供人生食的贝类增养殖水质≤140			—
6	病原体	供人生食的贝类养殖水质不得含有病原体			
7	水温（℃）	人为造成的海水温升夏季不超过当时当地1℃，其他季节不超过2℃		人为造成的海水温升不超过当时当地4℃	
8	pH	7.8~8.5 同时不超出该海域正常变动范围的0.2 pH单位		6.8~8.8 同时不超出该海域正常变动范围的0.5 pH单位	
9	溶解氧＞	6	5	4	3
10	化学需氧量≤ （COD）	2	3	4	5
11	生化需氧量≤ （BOD₅）	1	3	4	5
12	无机氮≤ （以N计）	0.20	0.30	0.40	0.50
13	非离子氨≤ （以N计）	0.020			
14	活性磷酸盐≤ （以P计）	0.015	0.030		0.045
15	汞≤	0.00005	0.0002		0.0005
16	镉≤	0.001	0.005	0.010	
17	铅≤	0.001	0.005	0.010	0.050
18	六价铬≤	0.005	0.010	0.020	0.050
19	总铬≤	0.05	0.10	0.20	0.50
20	砷≤	0.020	0.030	0.050	
21	铜≤	0.005	0.010	0.050	
22	锌≤	0.020	0.050	0.10	0.50
23	硒≤	0.010	0.020		0.050
24	镍≤	0.005	0.010	0.020	0.050

续表

序号	项目	第一类	第二类	第三类	第四类
25	氰化物≤	0.005		0.10	0.20
26	硫化物≤ （以S计）	0.02	0.05	0.10	0.25
27	挥发性酚≤	0.005		0.010	0.050
28	石油类≤	0.05		0.30	0.50
29	六六六≤	0.001	0.002	0.003	0.005
30	滴滴涕≤	0.00005		0.0001	
31	马拉硫磷≤	0.0005		0.001	
32	甲基对硫磷≤	0.0005		0.001	
33	苯并（a）芘≤ （μg/L）	0.0025			
34	阴离子表面活性剂 （以LAS计）	0.03		0.10	
35	放射性核素 （Bq/L）	^{60}Co	0.03		
		^{90}Sr	4		
		^{106}Rn	0.2		
		^{134}Cs	0.6		
		^{137}Cs	0.7		

6.1.2 我国近海水质状况

自 2000 年以来，国家海洋局组织实施全国海洋环境质量监测工作，对我国管辖海域的海洋环境质量状况进行全面监测。根据监测结果和其他相关资料的收集分析，每年度编制《中国海洋环境状况公报》，并予以发布。《中国海洋环境状况公报》的发布，让全国人民充分了解海洋，并且有助于合理开发和科学保护海洋。

根据《2012 年中国海洋环境状况公报》，海水中无机氮、活性磷酸盐、石油类和化学需氧量等监测要素的综合评价结果显示，我国管辖海域海水环境状况总体较好，但近岸海域海水污染严重，北方的污染程度普遍比南方更严重。劣于第四类海水水质标准的海域，面积达 67880km²，主要分布在河流入海口和人口密度大、工业区集中的大中城市沿海，包括黄海北部、辽东湾、渤海湾、莱州湾、江苏沿岸、长江口、杭州湾和珠江口的近岸海域。近岸海域主要污染要素为无机氮、活性磷酸盐和石油类等。

2012 年，渤海、黄海、东海和南海的劣四类海域面积分别为 13080、16530、

33970 和 4300km²，分别占各海域面积的 17.0%、4.4%、4.4% 和 0.2%。其中，东海的劣四类海域面积最大，渤海劣四类海域面积比重最高。渤海每年接纳的陆源污水量达到 28 亿 t，各类污染物 70 多万 t。中国四大海区中面积最小的渤海，接纳了全国污水入海总量的 32.2% 及全国沿海陆源污染物入海总量的 47.7%。

我国近海污染物主要来自入海河流和排污口。工业废水、生活污水、农田排水以及其他有害物质直接或间接排入河流，致使河流污染。我国河流的污染物主要有无机氮、总磷、石油类和重金属（表 6-2），长江携带的污染物最多。我国河流污染影响范围广，危害严重，治理难度大。河流携带的大量污染物最终排入海洋，污染海洋环境。

表 6-2　　　　　　　　　　2016 年我国主要入海河流的污染物

河流	注入海区	无机氮 （万 t）	总磷 （t）	石油类 （t）	重金属 （t）
黄河	渤海	1.66	1758	619	2523
鸭绿江	黄海	5.50	3720	341	235
长江	东海	164.60	115824	25700	7469
钱塘江	东海	7.73	3938	975	360
闽江	东海	14.0	8915	886	614
珠江	南海	46.77	23959	11570	2738

我国入海排污口邻近海域环境质量状况总体较差，90% 以上无法满足所在海域海洋功能区的环境保护要求。排污口主要污染物为无机氮、活性磷酸盐和石油类，部分排污口附近重金属、粪大肠菌群等含量超标。富营养化是排污口邻近海域的主要环境问题，75% 以上的排污口邻近海域水体呈富营养化状态。

6.2 海洋污染物质

海洋污染是指人类直接或间接地把物质或能量排入海洋环境，危害海水水质，损害生物资源，侵害人类健康。近几十年来，随着世界工业的发展，海洋环境发生了很大变化，海洋污染也日趋严重。海洋污染的主要特点包括以下几方面。

（1）污染源广

海洋污染不仅来源于人类的海洋活动，而且陆地所产生的污染物也通过江河径流、大气扩散和雨雪等降水形式，最终汇入海洋。

（2）持续性强

海洋是地球上地势最低的区域，一旦污染物进入海洋后，很难再转移出去。不能溶解和不易分解的物质在海洋中越积越多，通过生物的浓缩作用和食物链传递，对人类持续造成威胁。

（3）扩散范围广

全球海洋是相互连通的一个整体，一片海域被污染，往往会扩散到周边，甚至波及全球。

（4）防治难、危害大

海洋污染是长期积累的过程，一旦形成污染，治理非常困难，造成的危害会影响到各方面。特别是对人体产生的毒害，更是难以彻底清除干净。

海洋污染物的种类众多，根据污染物的性质，以及对海洋环境造成危害的方式，可以把污染物的种类分为以下几类，即固体废弃物、悬浮质、大肠菌群、热废水、酸碱、有机物和营养盐、重金属、石油、有机有毒物、放射性物质和海洋噪声等。

6.2.1 固体废弃物污染

固体废弃物是指海洋环境中固态和半固态的废弃物质。固体废弃物污染俗称海洋垃圾，主要来自于人类的工业发展、日常生活和其他活动。海洋垃圾影响海洋景观，威胁航行安全，造成水体污染，危害海洋生态系统。根据海洋垃圾所在位置，可分为海面漂浮垃圾、海滩垃圾和海底垃圾。海洋垃圾的主要类型包括塑料、金属、橡胶、玻璃、织物、纸和木制品等。

2016年，我国海洋垃圾主要类型如图6-1所示，其中塑料类垃圾比例最高，占海面漂浮垃圾中的84%，占海滩垃圾中的68%，占海底垃圾中的64%。全球每年排入海洋的塑料类垃圾约为800万t，主要来自中国、印度尼西亚、菲律宾、泰国和越南五个国家。其中，我国是最大源头，排放量占全球的28%，这主要是由于我国人口数量众多，垃圾处理设施相对落后所致。

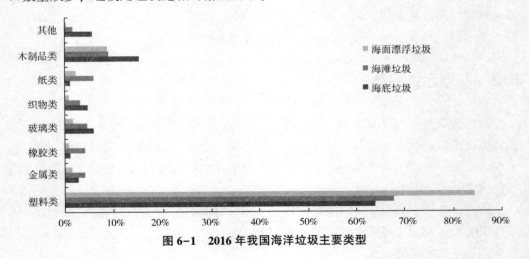

图6-1 2016年我国海洋垃圾主要类型

塑料垃圾在水流和波浪的作用下，会分解成更小的碎片。这些碎片容易被鱼、海鸟、海龟等生物误食，如90%的海鸟吃过塑料垃圾。海洋生物长期吞食塑料垃垃，会导致胃部肿胀，最终死亡。据研究表明，每年约有 1500 万海洋生物因误食塑料垃圾而死亡，且呈现出不断恶化的趋势。

许多海洋垃圾通过大洋环流聚集在北太平洋的东部和西部，统称为太平洋垃圾带。东垃圾带位于美国夏威夷群岛和加利福尼亚州之间，面积是英国的六倍，西垃圾带位于日本以东到夏威夷群岛以西的海域。太平洋垃圾带是世界上最大的垃圾场，聚集着千万 t 的垃圾，其中绝大部分是塑料制品。在过去 60 年间，垃圾带的面积一直在逐渐扩大，如果再不采取有效措施，海洋将无法负荷。

为了治理海洋垃圾，荷兰人斯拉特设计了一个叫"海洋清理"的塑料收集平台。"海洋清理"是世界上第一个海洋清洁系统，与过去用拖网来清理海洋垃圾的方式不同，"海洋清理"是一个固定不动的 V 形漂流障碍物，当海面垃圾被洋流带到此处时，就会自动聚集。"海洋清理"项目通过斯拉特的演讲，获得了广泛关注和资金支持，计划在 10 年内清除太平洋垃圾带中 42% 的垃圾。

6.2.2　悬浮质污染

悬浮质是指悬浮在水中的无机和有机颗粒物质。无机颗粒物质包括石英、长石、碳酸盐和黏土等；有机颗粒物质包括生物残骸、排泄物和分解物等。悬浮质主要来源于土壤流失、河流输入和海洋倾倒等。

悬浮质污染影响水质外观，妨碍水中植物的光合作用，减少氧气的溶入，对海洋生物不利。如果悬浮颗粒上吸附一些有毒有害的物质，则更是有害。水中悬浮质含量是了解海岸信息的重要依据，也是衡量水污染程度的重要指标之一。

悬浮质含量通常用浊度来表征。浊度是指水中悬浮质对光线透过的阻碍程度。浊度等于悬浮质质量除以水的体积。例如，1L 水中含有 1mg 的 SiO_2，所产生的浑浊程度为 1mg/L，即 1 度。浊度越低，水体越清澈；浊度越高，水体越浑浊。

【例题 1】原水样 20mL，加蒸馏水稀释至 50mL，测得浊度为 30 度，求原水样的浊度。

答：悬浮物质质量 $=30mg/L \times 50 \times 10^{-3}L = 1.5mg$

$$原水样浊度 = \frac{1.5mg}{20 \times 10^{-3}L} = 75mg/L = 75 度$$

原水样的浊度为 75 度。

6.2.3　大肠菌群污染

大肠菌群和粪大肠菌群是卫生学和流行病学上的重要指标，用于评价水体受生活污水的影响程度。粪大肠菌群是大肠菌群中的一种，大肠菌群多数寄生在温血动物肠道内，在肠道内进行大量繁殖，并随粪便排出体外。大肠菌群数量的高低，表明了人、畜粪便污染的程度，也反映了对人体健康的危害性大小。例如，波罗的海中大肠杆菌、沙门病毒、腺苷病毒等曾经含量很高，使得斯德哥尔摩等地的居民染

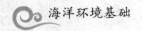

上相关的传染病。

6.2.4 热废水污染

热废水污染是指工厂排放的废水温度过高（长期超过正常水温4℃以上）造成的水体热污染。热废水的来源包括发电厂、核电站和钢铁厂的冷却系统排出的热水，以及石油、化工、造纸等工厂排出的生产性废水。美国每天所排放的冷却用水达4.5亿立方米，接近美国用水量的1/3，热废水含热量约2500亿千卡，足够2.5亿立方米的水温度升高10℃。热废水的危害主要有海水温度升高，水中的溶解氧减少，植物、动物难以生存，破坏海洋生态平衡等。

6.2.5 酸碱污染

海水的酸碱程度一般用氢离子浓度指数pH来表示，公式如下：

$$pH = -\log_{10} c_{H^+} \tag{6.3}$$

其中，c_{H^+}为氢离子浓度。pH介于0~14，pH越小，酸性越强；pH越大，碱性越强；纯水的pH=7为中性。自然界中的海水通常呈弱碱性，pH在7.5~8.2的范围变动，酸碱程度主要取决于二氧化碳的平衡。我国的海水水质标准规定，pH在6.8~8.8，同时不超出该海域正常变动范围的0.5，否则为劣四类水质。

酸碱污染是指酸性或碱性废水进入海洋环境，改变水体的pH。酸性废水的pH小于6，主要来自于冶金、金属加工、石油化工、化纤和电镀等企业排放的废水。酸性废水具有较强的腐蚀性，危害海洋生态环境，并能对船舶、桥梁和水上建筑物造成损害；碱性废水的pH大于9，主要来自于造纸、制革、炼油、石油化工和化纤等行业排放的废水，通常含有大量的有机物和营养盐。

2017年4月，重庆两江志愿服务发展中心在华北地区发现了超大规模的工业污水渗坑。这批渗坑面积大，存续时间长，涉及化工、皮革和金属加工等行业。该组织在河北省廊坊市大城县南赵扶镇发现了17万m²和3万m²的两个工业污水渗坑，废水呈锈红色、酸性，已大量渗出。该组织在天津市静海区西翟庄镇佟家庄村，发现了面积约15万m²的渗坑，废水呈酸性，pH约为1。酸碱污染已对当地农田和地下水造成严重威胁。

6.2.6 有机物和营养盐污染

海洋有机物和营养盐污染是指排入海洋中过量的有机物和营养盐造成的污染。海洋环境中的有机物和营养盐污染会引起水体的富营养化。水体富营养化是由于人类活动，氮、磷等营养物质进入水体，藻类及其他浮游生物迅速繁殖，浮游生物死后分解，消耗大量氧气，导致水体溶解氧下降，水质恶化，鱼类及其他生物死亡。

富营养化的来源包括工业废水、生活污水、农田化肥、家畜饲养和海水养殖等。富营养化主要发生在沿岸、海湾和河流入海口等受人类活动影响较强的地区。海洋中的赤潮和江河湖泊中的水华都是水体富营养化导致的结果。水体富营养化的指标包括无机氮、活性磷酸盐、化学耗氧量和生化需氧量。

无机氮是指未与碳结合的含氮物质，是海洋植物生长密切相关的营养物质。无机氮主要以亚硝酸根（NO_2^-）、硝酸根（NO_3^-）和氨氮（NH_3和NH_4^+）等几种形式存在于海水中。海水中无机氮含量越高，富营养化越严重。

磷也是海洋植物生长密切相关的营养元素，磷在水中主要以活性磷酸盐形式存在，包括磷酸根（PO_4^{3-}）、磷酸一氢根（HPO_4^{2-}）和磷酸二氢根（$H_2PO_4^-$）等。沿岸河口水域活性磷酸盐含量高，远离陆地的大洋活性磷酸盐含量低。活性磷酸盐含量越高，说明水体富营养化越严重。

化学耗氧量（COD）是采用氧化剂处理水样时，所消耗的氧化剂量，单位为mg/L。化学耗氧量越高，表示水中有机污染物越多。

生化需氧量（BOD）是水样中有机物在微生物作用下氧化分解，所消耗溶解氧的量，单位为mg/L。其测定方法为，20℃下培养5天所消耗的氧量，记为BOD_5，即5日生化需氧量。生化需氧量越高，表示水中有机污染物越多。

【例题2】 某工厂的污水排放口每小时排放废水100t，COD平均浓度250毫克/升，求该工厂一天24小时的COD排放量（废水的密度约为$10^3 kg/m^3$）。

答：每小时排放废水的体积$= \dfrac{100 \times 10^3 kg}{10^3 kg/m^3} = 100\ m^3 = 10^5 L$

24小时的COD排放量$= 24 \times 250 mg/L \times 10^5 L = 6000 \times 10^5 mg = 600 kg$

该工厂一天24小时的COD排放量为600kg。

6.2.7　重金属污染

重金属污染是指汞、镉、铅、锌、铬和铜等重金属元素通过河流、大气等途径，排入海洋而造成的污染。海洋中的重金属既有天然来源，也有人为来源。天然来源包括地壳岩石风化、海底火山喷发和陆地水土流失等；人为来源包括工业污水、矿山废水、重金属农药、煤和石油的燃烧等。重金属污染通过食物链在海洋生物体内富集，威胁人类饮食安全。

1956年，日本熊本县的水俣病是最早出现的、由于工业废水排放而造成的公害病。日本水俣病事件的起因是氮肥厂和醋酸厂常年向水俣湾排放未经任何处理的废水，废水中含有大量的汞。汞在水中被海洋生物食用后，转化成剧毒的甲基汞，这种剧毒物质只要有耳挖勺的一半大小就可以致人死亡。水俣湾里的鱼虾由此被污染了，这些被污染的鱼虾通过食物链又进入了动物和人类的体内。

甲基汞被肠胃吸收后，侵害人类的脑部和身体其他部分，进入脑部的甲基汞会使脑萎缩，破坏掌握身体平衡的小脑和知觉系统。据统计，有数十万人食用了水俣湾中被甲基汞污染的鱼虾。水俣病危害了当地人的健康和家庭幸福，使很多人身心受到摧残，至少1700多人中毒丧生。

为了恢复水俣湾的生态环境，日本政府在 14 年内先后投入 485 亿日元以清除水俣湾全部含汞底泥。同时，将湾内被污染的鱼虾统统捕获填埋。水俣湾的鱼虾不能再捕捞食用，当地渔民的生活失去了依赖，很多家庭陷入贫困。第二次世界大战后，日本经济虽然获得长足的发展，但环境破坏和贻害无穷的公害病，使日本政府和企业付出了极其昂贵的代价。

重金属污染不仅包括汞中毒，还有铜超标。1986 年 1 月，我国台湾高雄县附近海域养殖户发现，牡蛎呈现奇怪的绿色，称为"绿牡蛎事件"。后经研究表明，附近的废五金处理厂进行酸洗时，所产生的废液中含有大量的铜离子。这些废水未经处理排入海洋中，造成海水铜浓度过高。铜离子被牡蛎吸收富集后，该海域的牡蛎含铜量高达 4410 μg/g，富集系数超标 50 万倍。"绿牡蛎事件"并非独有，在英国、澳大利亚和美国等地都曾因海水铜浓度超标，发生"绿牡蛎事件"。

6.2.8 石油污染

海洋石油污染是指石油及其炼制品在开采、炼制、贮运和使用过程中进入海洋环境而造成的污染。石油污染是海洋中最严重、最普遍的污染现象之一。石油污染会破坏海产养殖、盐田生产和滨海旅游区等产业。海面上的油膜会阻碍大气与海水之间的气体交换，影响海洋植物的光合作用。海兽皮毛和海鸟羽毛被石油沾污后，会失去保温、游泳或飞翔的能力。石油中所含的苯和甲苯等有毒化合物泄漏入海洋后，会进入食物链，对海洋生物造成巨大危害。

每年约有 1000 万 t 石油和石油产品进入海洋，占全世界石油总产量的 0.5%。绝大部分海洋石油污染是人类活动产生的，主要来源包括船舶运输、海上油气开采和沿岸工业排污等。近些年来，世界各国溢油事故频发，环境损失惨重，仅我国每年海上各种溢油事故发生约 500 起。表 6-3 列举了我国重大海上石油污染事故。

表 6-3　　　　　　　　　　我国重大海上石油污染事故

石油污染事故	年份	地点	泄漏油量（t）	事故原因
东方大使油轮	1983	青岛港	3343	触礁搁浅
闽燃供 2 号油轮	1999	厦门港	590	船舶碰撞
地中海伊伦娜轮船	2004	深圳盐田港	1200	船舶碰撞
利比里亚籍油轮	2010	大连新港	1500	输油管线爆炸
康菲溢油	2011	渤海湾	7070	海上油田违规作业

2011 年 6 月，中国海洋石油总公司（中海油）和美国康菲石油公司在渤海湾合作开发的海上油气田蓬莱 19-3 发生溢油事故（图 6-2）。康菲溢油事故导致 6200km² 海水被污染，劣四类海水面积达到 840km²，是我国迄今为止最严重的海洋生态事故和漏油事故。

图 6-2 蓬莱 19-3 地点

康菲溢油事故的主要经过如下：2011 年 6 月 4 日，蓬莱 19-3 的 B 平台发现少量溢油；6 月 17 日，C 平台发生小型井涌事故；6 月 30 日，媒体报道漏油事故；7 月 3 日，中海油称渗漏点得到控制；8 月 31 日，康菲公司称已彻底封堵渤海溢油源；9 月 2 日国家海洋局认定康菲公司堵漏未完成，责令其停产。

康菲溢油事故后续发展情况如下：2012 年 4 月，中海油和康菲公司总计支付 16.83 亿元，其中，康菲公司出资 10.9 亿元，赔偿海洋生态造成的损失，中海油和康菲公司分别出资 4.8 亿元和 1.13 亿元，承担保护渤海环境的责任；2013 年 2 月，国家海洋局同意康菲公司蓬莱 19-3 油田恢复生产；2015 年 10 月，康菲溢油事故赔偿第一案一审宣判，康菲公司被判赔偿 21 名河北省乐亭县养殖户 168 万元。

6.2.9 有机有毒物污染

有机有毒物是指污染海洋环境并造成人体中毒的有机物。随着现代石油化学工业的高速发展，很多自然界没有的、难分解的、有剧毒的有机化合物被生产出来，包括有机磷农药、有机氯农药和多氯联苯等。它们在水中的含量虽然不高，但毒性大，化学性质稳定，残留时间长。有机有毒物的主要危害是易被海洋生物富集，毒害海洋生物，进而通过食物链毒害人类。

有机磷农药的组成成分中含有有机磷元素，主要用于防治植物病、虫、害。目前，广泛应用的杀虫剂如对硫磷、敌敌畏、敌百虫和乐果等，都属于有机磷农药。有机磷农药品种多、药效高、用途广，具有很强的杀虫、杀菌力。但是，过量使用农药会造成残留农药流入地下水和河流，污染海洋环境。有机磷农药的毒性强、危害大，能从口、鼻、皮肤等部位进入体内，导致神经系统损害为主的一系列伤害。

有机氯农药的组成成分中含有有机氯元素，主要品种有滴滴涕和六六六等，能够有效防治植物病、虫、害。有机氯农药是目前生产量最大，使用面积最广的一类有机合成农药。有机氯农药污染能够长期残留，并不断迁移，在北极和南极地区都监测出了不同程度的滴滴涕和六六六。

多氯联苯又称氯化联苯，是一类人工合成的有机物，性质极为稳定，抗高温，抗氧化，抗强酸强碱，具有良好的绝缘性。多氯联苯被广泛用于电容器、变压器、可塑剂、润滑油、木材防腐剂、油墨和防火材料等方面。但是，多氯联苯能够致癌，容易累积在脂肪组织，造成脑部、皮肤及内脏的疾病，并影响神经、生殖及免疫系统。多氯联苯在工业上的广泛使用，已造成全球性环境污染问题。根据联合国的《关于持久性有机污染物的斯德哥尔摩公约》规定，多氯联苯是全球禁止生产，且要最终消除的 12 种持久性有机污染物之一。

6.2.10　放射性污染

海洋放射性污染是指人类活动产生的放射性物质进入海洋而造成的污染。自然界和人类生产的元素中，有一些会发生衰变，并放射出肉眼看不见的射线，这些元素被称为放射性元素。自然状态下，放射性元素一般不会给生物带来危害。50 年代以来，随着核能源的开发，放射性物质大大增加，已经危及生物生存，进而危害人类健康。

放射性元素主要包括钴-60（^{60}Co）、锶-90（^{90}Sr）、碘-131（^{131}I）和铯-137（^{137}Cs）等。钴-60 是金属元素钴的放射性同位素，"60" 表示相对原子质量，其半衰期为 5.27 年。钴-60 会严重损害人体血液内的细胞组织，引起血液系统疾病；锶-90 是元素锶的一种放射性同位素，一般来自核爆炸或核燃料产物，半衰期为 28 年。锶-90 容易积存在人体骨骼中，增加罹患骨癌或白血病的风险；碘-131 是核裂变产生的人工放射性元素，半衰期为 8.3 天。碘-131 过量摄入会在甲状腺内聚集，引发甲状腺疾病甚至甲状腺癌；铯-137 是核裂变的副产品之一，半衰期长达 30 年，不易消除。铯-137 会损害造血系统和神经系统，并增加患癌概率。

海洋中的放射性元素存在时间长，无法直接察觉到，且难以根除。核试验、核武器、核电站和核潜艇等发生的核泄漏事故，屡见不鲜。1985 年 8 月，苏联 "K-431" 号巡航导弹核潜艇，在船坞内排除故障时，因操作失误引起反应堆爆炸，造成 10 余人死亡，49 人受到核辐射损伤，环境污染严重；2011 年 3 月 12 日，日本受特大地震和海啸的影响，福岛第一核电站的 1~6 号机组全部报废，放射性物质发生泄露。日本福岛核泄漏是目前最严重的海洋放射性污染事故，大量污水流入海洋，排水口放射性物质的浓度是法定限值的三千多倍，附近鱼类所含放射物超标五千多倍。

福岛核泄漏之后，核电站周围 20km 设为警戒区，警戒区内 16 万名居民被迫搬离家园。每天约有超过 300t 受到放射性物质污染的水排入海洋，栖息于福岛附近的无脊椎动物种类和数量均显著减少。目前核泄漏仍未彻底解决，有 7000 多名员工奋战在福岛核电站第一线，核电站完全报废预计需要 40 年。

6.2.11　海洋噪声污染

海洋噪声一般是指海洋中嘈杂、刺耳的声音，主要参数为频率和声压级。频率对应音调的高低，单位为赫兹（Hz）。频率越高的声音，感觉越尖锐、刺耳，时间长了会导致海洋生物听力下降，甚至失聪；声压级能够表示噪声的强弱，单位为分贝（dB），分贝越高，感觉越响，对海洋生物的危害越大。

海洋噪声分为两种类型，一是由自然因素造成的，如海浪、洋流和各种海洋生物产生的声音等；二是人为制造的，如船舶、声呐、水下工程作业等形成的声音。一般将人为因素形成的声音称为海洋噪声污染。海洋中常见的人为噪声主要分为船舶噪声、声呐噪声和水下工程噪声三类。

（1）船舶噪声。船舶噪声是船只自身引起的噪声，跟船只的大小、功能和发动机的功率有很大关系。船舶噪声的大小在 150～200 dB 之间，随着海上船舶航运密度的增加，每年以 0.5 dB 的速度增加。船舶噪声的频率在 5～500Hz 的范围内，高于 100Hz 的噪声会对海洋哺乳动物和某些鱼类造成威胁。

（2）声呐噪声。声呐是利用声波来发现水下目标物理性质和位置的设备。为了探测和研究海洋，声呐设备的使用越来越多。但是这种看不见的声波，能够干扰海洋生物的生活，甚至危及它们的生存。鲸鱼和海豚等哺乳动物依赖声音进行交流、觅食和躲避天敌。声呐噪声会损坏它们的听觉器官，让它们失去方向感，甚至搁浅死亡。

中频声呐试验导致的鲸鱼搁浅死亡事件屡见不鲜。2004 年 7 月，美军开启声呐测试后不久，夏威夷沿岸的浅水中就有 200 头鲸鱼搁浅；2005 年初，由于美军声呐试验，37 头鲸鱼搁浅在北卡罗来纳州的外滩；2009 年 3 月，美国"无暇号"打开声呐工作后不久，就有一条座头鲸迷航搁浅。目前科学界对于军用声呐可以大范围伤害、杀死海洋哺乳动物这一点上，已经没有争议。

（3）水下工程噪声。随着社会经济的飞速发展以及陆上资源的短缺，水下工程的数量越来越多，如跨海大桥、海底隧道、港口码头、海上石油天然气开采平台和海上风电场等。水下工程作业要进行水下的爆破、打桩、钻孔和疏浚等操作，会造成严重的噪声污染。水下工程噪声属于中低频噪声，打桩和水下爆破的噪声较大，钻孔和疏浚的噪声相对较小。

习题

1. 依据《海水水质标准》规定，以下区域应执行第二类海水水质标准的海域是（　　）。

A. 水产养殖区　　　　　　　　　B. 海洋渔业水域

C. 滨海风景旅游区　　　　　　　D. 海洋开发作业区

2. 较清洁海域，属于哪一类海水水质？（　　）

A. Ⅰ类　　　　　B. Ⅱ类　　　　　C. Ⅲ类　　　　　D. Ⅳ类

3. 中度污染海域仅适用于海洋港口水域和海洋开发作业区，属于哪一类海水水

质?（　　）

    A. Ⅰ类　　　　　　　B. Ⅱ类　　　　　　　C. Ⅲ类　　　　　　　D. Ⅳ类

4. 北海市沿海溶解氧含量为 1.0mg/L，那么根据溶解氧含量属于哪类海水水质?（　　）

    A. Ⅰ类　　　　　　　B. Ⅱ类　　　　　　　C. Ⅳ类　　　　　　　D. 劣Ⅳ类

5. 广东省吴川市吉兆湾无机氮为 5.0mg/L，那么根据无机氮含量属于哪类海水水质?（　　）

    A. 清洁　　　　　　　B. 轻度污染　　　　　C. 中度污染　　　　　D. 严重污染

6. 我国哪条河流携带的污染物最多?（　　）

    A. 黄河　　　　　　　B. 珠江　　　　　　　C. 长江　　　　　　　D. 钱塘江

7. 我国哪个海的严重污染水质面积最大?（　　）

    A. 渤海　　　　　　　B. 黄海　　　　　　　C. 东海　　　　　　　D. 南海

8. 我国沿海主要海底垃圾是(　　)。

    A. 金属类　　　　　　B. 塑料类　　　　　　C. 橡胶类　　　　　　D. 泡沫类

9. 目前向海洋倾倒塑料垃圾最多的国家是(　　)。

    A. 美国　　　　　　　B. 印度　　　　　　　C. 中国　　　　　　　D. 印度尼西亚

10. 2017 年 4 月，在华北地区发现的 17 万 m^2 工业污水渗坑，主要属于哪种污染?（　　）

    A. 热废水　　　　　　B. 有机磷农药　　　　C. 固体废弃物　　　　D. 酸碱

11. 日本水俣病事件是哪种重金属导致的?（　　）

    A. 镉　　　　　　　　B. 铅　　　　　　　　C. 锌　　　　　　　　D. 汞

12. 最早危害人体健康的海洋污染问题是哪一种?（　　）

    A. 重金属　　　　　　B. 富营养化　　　　　C. 溢油　　　　　　　D. 核废料

13. 氮是海水中的营养盐，下面哪一项不包含氮?（　　）

    A. 硝酸盐　　　　　　B. 氨氮　　　　　　　C. 磷酸盐　　　　　　D. 亚硝酸盐

14. 我国海水水质指标中的甲基对硫磷属于哪种污染?（　　）

    A. 有机物和营养盐污染　　　　　　　　　B. 石油污染

    C. 有机有毒物污染　　　　　　　　　　　D. 重金属污染

15. 康菲溢油事故是我国迄今为止最严重的海洋生态事故和漏油事故，这次事故发生在哪里?（　　）

    A. 渤海　　　　　　　B. 黄海　　　　　　　C. 东海　　　　　　　D. 南海

16. 2010 年 7 月 16 日，大连新港附近发生溢油事故，至少污染了附近 $50km^2$ 的海域。此次事故的原因是?（　　）

    A. 触礁搁浅　　　　　　　　　　　　　　B. 船舶碰撞

    C. 海上油田违规作业　　　　　　　　　　D. 输油管线爆炸

17. 哪种污染物质导致我国很多农村的井水致癌?（　　）

A. 有机磷农药　　　B. 多氯联苯　　　C. 铜　　　　　D. 镉

18. 日本福岛核电站向海洋泄露了大量的核污染，下面哪个不属于放射性物质？（　　）

A. 氮-16　　　　B. 碘-131　　　C. 铯-137　　　D. 硫-32

19. 日本福岛核电站排入海洋的核污染向哪个方向流动？（　　　　）

A. 向北　　　　B. 向南　　　　C. 向西　　　　D. 向东

20. 鲸鱼搁浅的人为原因是？

A. 海洋噪声　　　B. 海洋垃圾　　　C. 重金属污染　　　D. 富营养化

21. 广西北海市涠洲岛附近海水的 pH 为 8，海水呈酸性还是碱性？氢离子浓度是多少？

22. COD 是什么？如果海水的 COD 值高，说明什么？

23. 实地测量沿海环境，记录时间、地点、纬度、经度、测量深度、水温、漂浮物质、色、臭、味等数据。

24. 在海边测量海面噪声数据。海面噪声的大小约为多少？噪声主要来自于哪里？

25. 根据下面这个海水水质表格可以得出哪些结论？

表 6-4　　　　　　　　近海海水测量数据

地点	pH	溶解氧（mg/L）	活性磷酸盐（mg/L）	无机氮（mg/L）
北海市银滩公园	7.4	3.0	0.0	20.25
湛江市滨湖公园	7.4	3.0	0.0	40.0
茂名市滨湖公园	8.2	1.0	0.0	20.0
吴川市吉兆湾	8.4	1.0	0.0	5.0

7 海洋环境监测

工业革命以来，海洋开发力度加大，海洋环境污染进一步加剧，海洋灾害事故频繁发生，海洋生态环境显著恶化。为了了解海洋环境的状况，及时掌握海洋环境的动态变化规律，必须对海洋环境进行监测。

7.1 海洋环境监测概要

7.1.1 海洋环境监测的概念

海洋环境监测是对海洋环境质量状况进行全面调查研究，做出定量的科学评价。海洋环境监测的基本目的是全面、及时、准确地掌握人类活动对海洋环境的影响。其最终目的是为了保护海洋环境，维护海洋生态平衡，保障人类健康。

7.1.2 海洋环境监测的分类

海洋环境监测可分为以下几种类型。

（1）基线调查。对特定海区的环境质量基本要素状况进行的初始调查，以及为掌握其以后的趋势变化进行的重复调查。我国在 20 世纪 70 年代初进行过第一次全国海洋污染基线调查。时隔 20 多年，1994 年开始了第二次全国海洋污染基线调查。在这 20 多年中，我国沿海地区经济飞速发展，污染物入海量和种类明显增多。

（2）常规监测。在基线调查基础上，选择若干代表性监测站和项目进行长期、逐年相对固定时期的观测。

（3）监视性监测。在排污口和预定海域，定期定点监测污染物含量。

（4）研究性监测。针对海洋污染的范围、强度及迁移转化规律而进行的深入的监测。研究性监测大多由科研单位组织开展。

（5）海洋资源监测。对生物、矿产、旅游等资源的监测与调查。

（6）海洋权益监测。为维护国家或地区的海洋权益，在公海或有争议海域进行的海洋监测。

（7）定点监测。在固定站点进行常年或短期的观测。

（8）专项调查。为某一专门项目进行的环境调查。如海岸工程、资源开发和废弃物倾倒等进行的环境评估。

（9）应急监测。在海上发生有毒有害物质泄露或赤潮等灾害事件时，在现场或附近临时增加的针对性观测。

7.1.3 海洋环境监测的意义

海洋环境监测的意义包括以下方面。

（1）海洋环境监测是沿海社会经济可持续发展的客观要求。随着沿海地区人口的不断增多，发展布局不合理、淡水资源严重缺乏和食品和矿产资源不足等问题也日渐明显，沿海地区的可持续发展面临着严峻的考验。解决上述问题的出路在于合理规划海洋资源的开发和利用，达到可持续发展的目的。为了实现海洋经济的可持续发展，需要实施海洋环境监测以及科学研究，掌握海洋环境自身规律，从海洋环境中持续获取物质、能量、空间和信息。

（2）海洋环境监测是海洋环境预报的工作基础。海洋环境监测可以为海洋环境预报提供所需资料，是海洋环境管理工作顺利开展的前提和基础。通过长期、连续、有目的的监测，将帮助人类认识和掌握自然灾害的形成和发展规律，做出高质量的海洋灾害预报。只有充分了解灾害，才能最大程度减少损失。

（3）海洋环境监测是保护海洋环境的关键条件。要了解海洋环境的质量、受污染的程度和污染的趋势等问题，必须采用先进的设备和科学的方法进行海洋环境监测。通过分析和研究这些资料，人们才能对海洋环境健康有更明确和更直观的认识。

（4）海洋环境监测是海洋资源开发利用的基本需求。为了达到降低投资、维护环境健康和持续利用资源等目的，海洋油气资源、海洋水产资源和海洋旅游资源等的开发利用，都要对海洋环境条件有深刻的了解。既需要了解资源状况的基础数据，又需要掌握海洋环境的监测资料，才能确保科学、合理、经济和安全开发利用海洋。

（5）海洋环境监测是维护国家安全的重要保障。随着人类对资源需求的日益增加，各国在海洋资源方面，展开了日趋激烈的竞争。管辖海域的主权权益需要国家的军事力量来确保实现。海洋环境监测在海洋军事上的应用非常广泛，海洋水文、气象和地质等一系列海洋环境要素的采集，对海上训练、作战和新式武器实验都有重要作用。

7.2 海洋环境监测的历史与现状

7.2.1 单船走航调查

人类对海洋的探索和调查，早在 15 世纪就已开始。1405—1433 年，郑和七下西洋，远航西太平洋和印度洋，拜访了 30 多个国家和地区；1492—1502 年，哥伦布先后四次出海远航，开辟了横渡大西洋到美洲的航路；1497—1498 年，达·伽马从葡萄牙里斯本经南非好望角到达印度，开辟了从欧洲通往印度的海上航路；1519—1522 年，麦哲伦船队完成了人类首次环球航行，证明了地球是圆的；1768—1779 年，库克三次出海前往太平洋，绘制了大量太平洋岛屿的地图，测量了水深、水温、海流和风等水文要素；1831—1836 年，达尔文乘坐"贝格尔"号进行了地质学和生物学考察，并于 1859 年出版了名著《物种起源》。

1872—1876 年，英国"挑战者"号考察了 492 个站位，是人类历史上首次综合性的海洋科学考察。这次考察取得了丰硕的成果，发现了 4700 多种海洋生物；采集了大量海洋生物标本和海底地质样品；了解了海洋深层水温的分布规律；验证了海水的主要成分比例恒定；编制了大洋沉积物分布图。这些成果奠定了现代海洋物理学、海洋化学和海洋地质学的基础，是现代海洋科学研究的开端。

单船走航时期，众多探险家、航海家和科学家不断探索海洋的奥秘，海洋知识得到了大量积累，海洋科学研究逐渐形成。但是，这一时期的海洋调查都是分散进行的，调查方法不统一，调查项目有限，调查持续时间短，给海洋数据的分析带来了很多困难。

7.2.2　多船联合调查

20 世纪 50 年代之后，各国政府对海洋科学研究的投资大幅增加，海洋国际合作调查研究更大规模地展开。1957—1958 年国际地球物理年（IGY）和 1959—1962 年国际地球物理协作年（IGC）的联合海洋考察，参加国家达 17 个，调查船有 70 多艘，调查范围遍及世界各大洋；1960—1964 年，联合国教科文组织发起的国际印度洋考察（IIOE），有 13 个国家、36 艘调查船参加；1965—1970 年，黑潮及邻近水域合作研究（CSK）共有日本、美国、苏联等 10 个国家、40 艘调查船参加。此次调查研究了黑潮的起源及其分支，发现了赤道逆流水团，绘制了海洋生产力图。1986—1992 年的中日黑潮合作调查，参加的调查船有 14 艘，对台湾暖流、对马暖流的来源、路径和水温结构等提出了新的见解；1979 年启动的世界气候研究计划（WCRP）是由世界气象组织和国际科学联盟理事会共同主持。它包括热带海洋及全球大气试验（TOGA）和世界大洋环流试验（WOCE）。世界气候研究计划的主要目标是确定气候在多大程度上可以预测，以及人类活动对气候系统的影响程度。

多船联合调查时期，各国既有分工又有合作，调查方法趋向统一，调查效率大为提高。这一时期的海洋研究船，性能更好，设备更先进。结合了计算机、微电子、声学、光学等技术的温盐深仪（CTD）、声学多普勒流速剖面仪（ADCP）、水样叶绿素荧光仪（Water-PAM）、海洋浮标和海洋潜标等仪器，广泛应用于海洋调查中。

温盐深仪能够测量海水的温度、压强和电导率三个基本的水体物理参数；声学多普勒流速剖面仪利用声波的多普勒效应，测量海水的流动速度；水样叶绿素荧光仪用于测量自然水样中的叶绿素含量和光合作用强度；海洋浮标是锚定在海面以上，长期、连续采集海洋数据的自动观测站；海洋潜标是通过重物锚定在海面以下，能够长时间定点监测海洋参数。

7.2.3　立体化海洋监测

目前，随着科学技术的发展，海洋环境监测已进入立体化时代。立体化海洋监测是指运用多种技术手段，进行空中、水面和水下各个方向的海洋观测。立体化海洋监测可以获取更完整的海洋资料，实现大面积、多层次和长时间的海洋监测。从而更加深入地了解海洋现象，掌握海洋的时空变化规律。立体化海洋监测的方式包括以下几方面。

（1）卫星海洋遥感

卫星海洋遥感是利用卫星传感器对海洋进行远距离观测，获取海洋的图像和数据资料。搭载在卫星上的传感器种类很多，用于海洋观测的传感器主要有海色传感器、红外传感器、微波高度计、微波散射计和合成孔径雷达等。

海色传感器主要用于探测海洋表层叶绿素浓度和悬浮质浓度等海洋光学参数；红外传感器主要用于测量海表温度；微波高度计主要用于测量海平面高度、海面风速、表层流速；微波散射计主要用于测量海面 10m 处风场；合成孔径雷达主要用于探测中尺度涡旋、海洋内波、海面污染等。

卫星海洋遥感覆盖范围广，观测时间长，空间分辨率高，是海洋环境监测的重要手段。自 1978 年美国发射了第一颗海洋卫星 Seasat-A 之后，海洋遥感技术迅速发展。目前，全球共有海洋遥感卫星近百颗。美国、欧洲、日本和印度等国家和地区，均已建立了比较成熟和完善的海洋卫星系统。我国经过多年的建设，陆续发射了海洋 1 号 A/B/C 卫星和海洋 2 号 A/B 卫星，初步建立了海洋卫星系统。

（2）深海观测技术

深海蕴藏着丰富的油气资源、矿产资源和生物资源等，深海观测正逐步成为海洋技术领域的研究热点。深潜器作为深海观测的主要工具，是一种自带推动力的海洋考察设备，能在深海开展调查工作。深潜器主要用于执行水下考察、海底勘探、海底开发、海底打捞和救生等任务，可分为载人深潜器和无人深潜器。1960 年，皮卡德父子的"的里雅斯特"号载人深潜器，在马利亚纳海沟下潜到 10916 米，创造了当时人类下潜最深的纪录；1964 年，伍兹霍尔海洋研究所的"阿尔文"号载人深潜器，开创了人类探测海洋资源的历史；1966 年，"阿尔文"号打捞起掉落在地中海海底的一颗氢弹；1977 年，"阿尔文"号在加拉帕戈斯断裂带，发现了海底热泉和其中的生物群落；1979 年，"阿尔文"号在东太平洋大洋中脊发现了高温黑烟囱；20 世纪 80 年代，"阿尔文"号参与了对泰坦尼克号沉船的搜寻和考察。在服役 40 多年里，"阿尔文"号累计完成 5000 多次下潜作业，取回超过 680 公斤的样品，为深海研究做出了巨大贡献。

除各种载人深潜器之外，无人深潜器的发展也引人瞩目。无人深潜器能够在恶劣的深海环境下，代替人类进行工作。无人深潜器可分为无人有缆深潜器（ROV）和无人无缆深潜器（AUV）。无人有缆深潜器，也称为无人遥控潜水器，需要水面船只传输动力，并进行遥控；无人无缆深潜器，也称为自主式水下机器人，可以自主行动。无人深潜器具有安全、经济、高效和作业深度大等突出特点，在石油开发、海事执法取证、科学研究和军事等领域得到广泛应用。

（3）自动监测系统

海洋自动监测系统是对海洋进行长期、连续测量的自动监测装置。随着传感技术和通信技术的发展，海洋自动监测技术迅速崛起，各海洋强国均组建了适用于海洋动力学要素和海洋环境污染物的同步自动观测网络。目前，应用最广泛的海洋自动监测系统是地转海洋学实时观测阵，即 Argo。

Argo 是大气和海洋科学家于 1998 年提出的全球海洋观测试验项目，旨在快速、准确、大范围地收集全球海洋上层资料，提高气候预报的精度，预防日益严重的气候灾害。Argo 计划在全球无冰覆盖的大洋中，每隔 300km 放置一个 Argo 浮标，总计 3000 个，组成一个庞大的 Argo 全球海洋观测网。Argo 浮标放置后会自动下沉到指定深度，随后自动上浮，并收集海洋的温度、盐度和海流等数据。当 Argo 浮标上升到海面时，会通过卫星向地面接收站发送观测数据。数据发送完毕后，Argo 浮标又自动下沉，继续工作。

自 Argo 计划实施以来，各成员国已经放置了超过 10000 个 Argo 浮标，目前约有 3900 个在海上正常工作。Argo 浮标在全球海洋中，共收集到了 200 万条廓线，远远超过其他仪器设备观测的总和。Argo 计划明确规定，所有数据准确、实时地发送给各成员国的天气预报中心和全球 Argo 资料中心，并通过它们无条件免费向广大用户提供服务。Argo 计划采取的资料共享策略，体现了全球海洋观测网共建、共享，构建人类命运共同体的思想，推动了海洋科学的快速发展。

2002 年 1 月，我国正式宣布加入 Argo 计划，在太平洋、印度洋等海域陆续投放了 400 多个 Argo 浮标。Argo 资料已成为我国获取海洋、气候信息的主要来源之一，被广泛应用于海洋和气候等学科领域中。在全球 18 种地球科学主要刊物上，有近 2300 篇与 Argo 相关的学术论文。其中，由中国学者发表的论文达 310 篇，研究内容涉及海气相互作用、大洋环流和水团、中尺度涡和湍流、海水热盐储量和输送等。我国 Argo 计划的总体目标是建成新一代海洋实时观测网络，为我国海洋研究、海洋开发、海洋管理和其他海上活动提供实时观测资料和产品。

7.3　海洋环境监测的数据处理

近年来，国内外都非常重视海洋观测，通过走航、遥感卫星、深潜器、浮标和潜标等监测手段，得到了大量的海洋数据。这些数据需要研究人员进行详细整理和深入分析，才能得出科学结论，从而体现观测数据的价值。因此，数据处理对海洋科学研究至关重要。海洋环境监测的数据处理可以根据网上开放下载的海洋环境资料和数据，采用 Excel、Matlab 和海洋数据视图软件进行分析处理，绘制规范的图片。

Excel 办公软件是功能强大、技术先进、使用方便且灵活的电子表格软件。Excel 的主要功能包括制作电子表格、数据运算、数据分析与筛选、制作图表和打印数据等。在海洋科学方面，Excel 软件能够进行科学计算、分析海洋数据和绘制海洋图表等。

Matlab 是一种用于算法开发、数据可视化、数据分析以及数值计算的高级技术计算语言和交互式环境。Matlab 开发了海洋资料分析处理的应用程序，能够较容易地实现海洋要素的计算、异常值处理和矢量图及其他图形的绘制等功能，解决了其他软件难以解决的问题。

海洋数据视图（Ocean Data View，ODV）软件是德国阿尔弗雷德·韦格纳极地与海洋研究所研制开发的海洋学应用软件包。ODV 能够绘制出高质量的站位图、时间序列图、垂直断面图、散点图和空间分布图等，具有设计灵活、功能齐全和操作简单等特点，得到了海洋科研人员广泛的认可和应用。掌握 ODV 软件，可在海洋科学研究中绘制出美观、规范的图片。下面分别介绍这 3 种软件的上机实验内容。

7.3.1 常用海洋单位的换算

【实验目的】

掌握 Excel 的公式计算方法；了解海洋单位的换算；了解海洋物理量的计算。

【实验要求】

用 Excel 软件完成以下要求：（1）将 128 dbar、45 dbar、9 dbar 分别换算成巴、帕斯卡和百帕；（2）将经纬度 113.211°E、34.5123°N、83.134°S 换算成度分秒格式；（3）将 14 海里、370 海里分别换算成 km 和里；（4）将 10.8 节、18 节分别换算成 km 每小时和米每秒；（5）海水的密度为 1024kg/m³，计算比容（单位：cm³/g）和密度超量；（6）计算结果保留两位小数。

【实验步骤】

（1）压强之间的换算公式如下：

$$1hPa=100Pa,\ 1bar=10^5Pa,\ 1dbar=0.1bar=10^4Pa \tag{7.1}$$

根据公式（7.1），在 Excel 软件进行单位换算，结果如表 7-1 所示。

表 7-1　　　　　　　　　　　压强换算

分巴	巴	帕斯卡	百帕
128	12.8	1280000	12800
45	4.5	450000	4500
9	0.9	90000	900

（2）经纬度换算公式如下：

$$1度=60分,\ 1分=60秒 \tag{7.2}$$

根据公式（7.2），计算"度"时，可采用"int"函数取经纬度的整数部分；计算"分"时，对经纬度的小数部分乘以 60，然后取整；计算"秒"时，经纬度的小数部分乘以60，然后对小数部分再乘以60。结果如表7-2所示。

表7-2 经纬度换算

经纬度	度	分	秒
113.211°E	113	12	39.60
34.5123°N	34	30	44.28
83.134°S	83	8	2.40

（3）长度换算公式如下：

$$1 \text{海里} = 1.852 \text{km}, \quad 1 \text{km} = 2 \text{里} \tag{7.3}$$

根据公式（7.3），在Excel软件进行单位换算，结果如表7-3所示。

表7-3 长度换算

海里	km	里
14	25.93	51.86
370	685.24	1370.48

（4）速度换算公式如下：

$$1 \text{节} = 1 \text{海里/小时} = 1.852 \text{km/小时} = 0.5144 \text{米/秒} \tag{7.4}$$

根据公式（7.4），在Excel软件进行单位换算，结果如表7-4所示。

表7-4 速度换算

节	km/小时	米/秒
10.8	20.00	5.56
18	33.34	9.26

（5）比容和密度超量换算公式如下：

$$\text{比容} = 1/\text{密度}, \quad \text{密度超量} = \text{密度} - 1000, \quad 1000 \text{kg/m}^3 = 1 \text{g/cm}^3 \tag{7.5}$$

根据公式（7.5），在Excel软件计算，结果如表7-5所示。

表7-5 比容和密度超量计算

密度（kg/m³）	比容（cm³/g）	密度超量（kg/m³）
1024	0.98	24

（6）设置单元格格式，保留两位小数。

【思考题】

我国辽宁号航空母舰的最大时速是多少节？相当于每小时多少公里？

7.3.2 渤海各类水质的面积

【实验目的】

掌握饼状图的画法；了解我国渤海水质状况。

【实验要求】

用 Excel 软件完成以下要求：（1）记录《2016 年中国海洋环境状况公报》中春季和夏季的渤海水质数据；（2）画出春季各类水质面积的饼状图和夏季各类水质面积的环状图；（3）饼状图内显示水质等级和百分比；（4）字体设置为"黑体"，字体样式为"加粗"，字体大小为"12"，颜色为"白色"，添加图片标题。

【实验步骤】

（1）记录春季和夏季的渤海水质数据，如表 7-6 所示。

表 7-6　　　　　　　　　　　　　　2016 年渤海水质数据

水质等级	春季各类水质面积（km²）	夏季各类水质面积（km²）
Ⅰ 类	53564	53514
Ⅱ 类	11660	9950
Ⅲ 类	6670	5690
Ⅳ 类	2340	3130
劣 Ⅳ 类	3050	5000

（2）分别选中数据，插入二维饼状图和圆环图（图 7-1）。

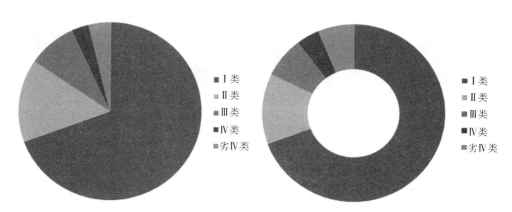

图 7-1　初步画成的水质比例图

（3）对"图表布局"和"图表样式"进行修改，显示水质等级和百分比（图 7-2）。

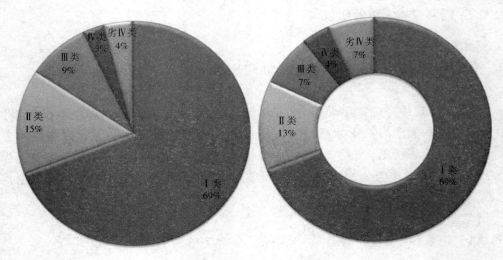

图 7-2　修改后的水质比例图

（4）对图片中的字体进行修改，使得文字清楚、美观（图 7-3）。

渤海春季各类水质比例　　　　　　　　　渤海夏季各类水质比例

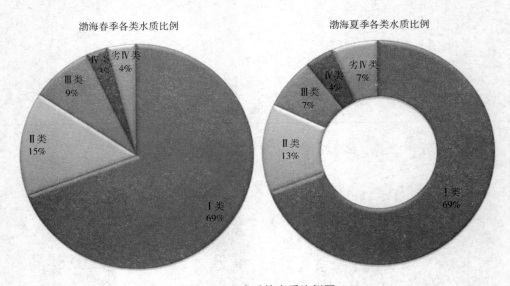

图 7-3　完成后的水质比例图

【思考题】

渤海春季和夏季哪一个季节的严重污染海域面积更大？

7.3.3　黄海绿潮面积的变化

【实验目的】

掌握柱状图的画法；了解黄海绿潮最大分布面积的变化。

104

【实验要求】

用 Excel 软件完成以下要求：（1）根据 2008 年到 2016 年的《中国海洋环境状况公报》，记录每年黄海绿潮的最大分布面积；（2）画出绿潮随时间变化的柱状图；（3）柱形结构的填充颜色为"灰色，RGB（150，150，150）"，背景颜色为"茶色"；（4）字体设置为"黑体"，字体大小为"12"，添加标题和数据标签。

【实验步骤】

（1）记录黄海绿潮的最大分布面积数据，如表 7-7 所示。

表 7-7　　　　　　　　　　黄海绿潮的最大分布面积数据

年份	最大分布面积（km²）	年份	最大分布面积（km²）
2008	20000	2013	29733
2009	55000	2014	50000
2010	29800	2015	52700
2011	26400	2016	57500
2012	19610		

（2）选中数据，插入三维簇状柱形图（图 7-4）。

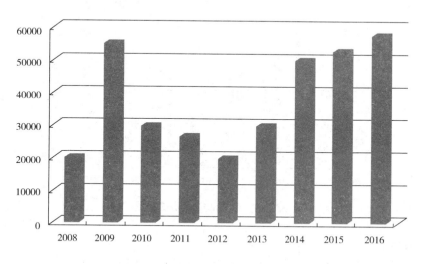

图 7-4　初步画成的面积柱状图

（3）在"设置背景墙格式"中，可修改背景填充颜色，在"设置数据系列格式"中，可修改柱形结构填充颜色，修改后的柱状图如图 7-5 所示。

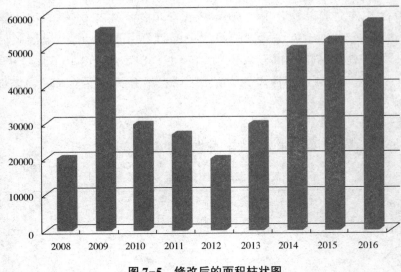

图 7-5　修改后的面积柱状图

（4）对图片中的字体进行修改，使得文字清楚、美观（图 7-6）。

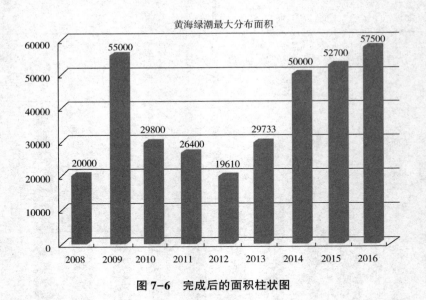

图 7-6　完成后的面积柱状图

【思考题】

2016 年，黄海绿潮的最大分布面积占黄海总面积的百分比是多少？

7.3.4　我国沿海省份海平面高度变化

【实验目的】

掌握直线图的画法；了解沿海省份海平面变化的特点。

【实验要求】

用 Excel 软件完成以下要求：（1）根据 2007 年到 2016 年的《中国海平面公报》，记录辽宁、山东、浙江和海南的海平面高度变化；（2）画出海平面高度变化直线图；（3）横坐标从 2007 到 2016，纵坐标从 0 到 160，横坐标间隔为 1，纵坐标间隔为 40，修改各省份的线条颜色和线型，线条宽度均设置为"2.5 磅"；（4）字体均设置为"宋体"，字体大小为"12"，图片标题为"海平面高度变化（mm）"，添加绘图区边框。

【实验步骤】

（1）记录我国辽宁、山东、浙江和海南的海平面高度数据（表 7-8）。

表 7-8　　　　　　　　　海平面高度变化（单位：mm）

年份	辽宁	山东	浙江	海南
2007	47	80	69	92
2008	50	69	39	86
2009	48	70	56	107
2010	61	82	67	84
2011	67	75	50	100
2012	110	130	128	154
2013	102	110	84	143
2014	116	125	134	133
2015	88	105	115	109
2016	63	70	125	75

（2）选中数据，插入带直线的散点图（图 7-7）。

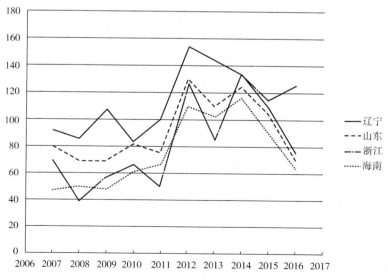

图 7-7　初步画成的海平面高度变化图

（3）在"设置坐标轴格式"中，可修改坐标轴的最大值、最小值和间隔，在"设置数据系列格式"中，可修改线条的颜色和线型（图7-8）。

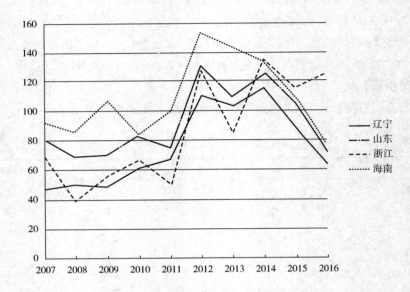

图7-8 修改后的海平面高度变化图

（4）在"设置绘图区格式"中，可添加边框（图7-9）。

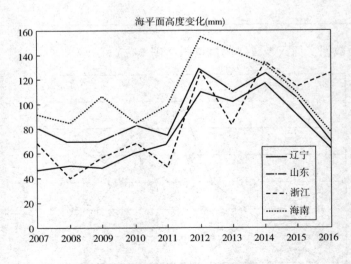

图7-9 完成后的海平面高度变化图

【思考题】
各省份的海平面变化有什么相同特点？

7.3.5 北海市 PM2.5 的变化

【实验目的】

掌握误差线的画法；了解北海市空气质量状况。

【实验要求】

用 Excel 软件完成以下要求：（1）根据北海市空气质量状况，统计每个月 PM2.5 的平均值和标准差；（2）画出 PM2.5 平均值的柱状图；（3）在图片中添加误差线；（4）对图片进行适当修改，使图片更加清楚、美观。

【实验步骤】

（1）北海市空气质量数据可在网上下载（例如，"天气后报"网站上的历史数据 http://www.tianqihoubao.com/aqi/beihai-201501.html）。分别用 average 和 stdev 函数统计每个月的平均值和标准差，保留一位小数，结果如表 7-9 所示。

表 7-9　　　　　　　　　　　　**北海市 2015 年 PM2.5**

月份	平均值	标准差	月份	平均值	标准差
1 月	55.6	25.0	7 月	16.2	11.5
2 月	59.3	34.0	8 月	20.2	15.4
3 月	31.9	11.1	9 月	20.2	12.8
4 月	30.8	16.3	10 月	40.1	23.1
5 月	13.3	4.9	11 月	26.8	15.3
6 月	8.1	2.4	12 月	33.3	19.7

（2）选中月份和平均值，插入柱状图（图 7-10）。

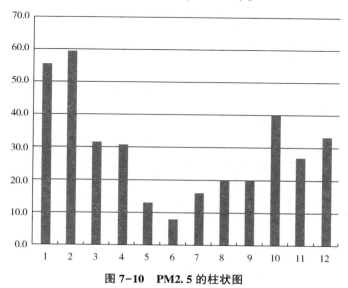

图 7-10　PM2.5 的柱状图

（3）在"布局"中，添加"标准偏差误差线"。右击添加的误差线，选择"设置错误栏格式→垂直误差线→自定义→指定值"，"正错误值"和"负错误值"均为计算出的标准差。添加误差线后的柱状图如图7-11所示。

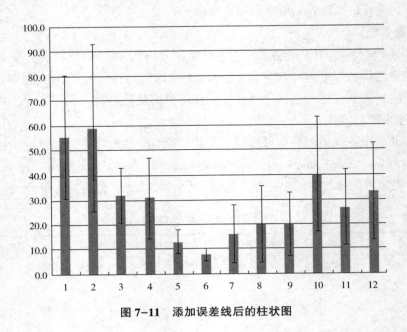

图7-11 添加误差线后的柱状图

（4）添加边框和标题，修改字体和填充颜色后，完成图片绘制（图7-12）。

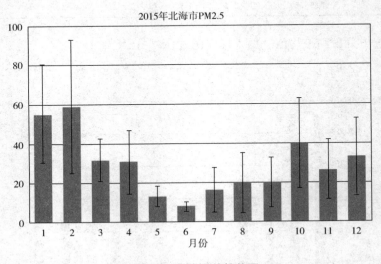

图7-12 完成后的柱状图

【思考题】

2015年北海市的空气质量有什么规律？

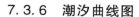
7.3.6　潮汐曲线图

【实验目的】

掌握 Matlab 曲线图的绘制方法；了解潮汐高度的变化。

【实验要求】

用 Matlab 软件完成以下要求：（1）根据北海市潮汐表，画出 2016 年 5 月 11 日的北海市潮汐曲线图；（2）横坐标从 0 到 24，标签为"小时"，纵坐标从 0 到 500，标签为"高度（cm）"，添加横坐标和纵坐标的网格线；（3）潮汐曲线的线条颜色为黑色，线条宽度设置为"3.0"，字体设置为"宋体"，字体大小为"20"，添加标题。

2016年5月份　北海潮汐表　21°29′N
B E I H A I　109°05′E

每　时　潮　高

时间	1 SU	2 M	3 TU	4 W	5 TH	6 F	7 SA	8 SU	9 M	10 TU	11 W	12 TH	13 F	14 SA	15 SU	16 M
0	409	404	374	314	234	157	120	138	195	264	330	384	413	419	401	365
1	386	399	388	342	266	176	107	93	132	197	263	323	368	391	391	370
2	351	379	388	363	300	211	123	73	85	136	199	260	313	349	367	363
3	307	346	372	371	329	251	158	84	60	89	144	204	257	300	330	342
4	261	304	343	362	345	286	201	116	64	64	102	154	206	250	286	310
5	219	260	303	338	343	309	239	155	88	60	74	115	162	205	242	272
6	182	219	261	302	325	314	266	195	122	76	67	89	127	166	202	233
7	152	184	222	263	295	303	277	224	159	103	77	81	104	137	170	199
8	130	155	188	226	262	282	275	240	190	137	99	86	96	118	145	173
9	119	135	162	195	230	258	264	245	209	167	127	104	101	112	132	155
10	121	127	146	174	204	233	250	244	221	188	155	130	118	120	131	149
11	134	133	144	166	191	215	234	239	227	204	178	156	142	138	144	156
12	154	150	157	175	198	215	230	237	232	215	196	179	167	162	165	174
13	178	174	179	196	221	239	246	248	245	231	212	198	190	187	191	200
14	199	198	206	225	253	278	286	278	269	251	232	217	208	208	214	226
15	215	217	229	252	287	321	337	329	308	284	260	238	226	224	232	246
16	229	229	243	271	312	357	386	385	361	328	294	266	246	238	243	259
17	245	236	246	276	321	375	420	434	416	379	338	301	271	253	250	262
18	264	244	242	267	312	370	428	463	461	429	385	340	302	274	259	261
19	289	256	238	248	288	346	410	464	484	468	429	382	338	299	271	260
20	317	274	238	228	255	307	372	437	481	486	461	420	372	327	288	262
21	347	297	245	212	218	261	321	390	449	479	475	445	403	355	308	269
22	374	324	261	205	182	208	263	329	397	446	466	455	423	379	330	281
23	395	351	285	212	160	155	199	264	332	395	433	444	430	396	350	297

图 7-13　北海市潮汐表

【实验步骤】

（1）将数据输入 Matlab 表格中，用 plot 函数绘制曲线图（图 7-14）。

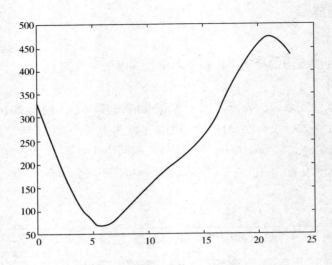

图 7-14　初步画成的潮汐曲线图

（2）在"View→Property Editor"中对图片进行修改，修改后的潮汐曲线图，如图 7-15 所示。

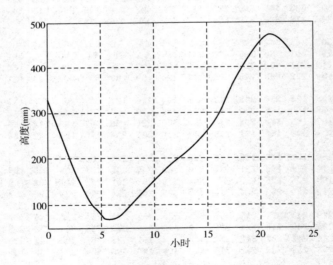

图 7-15　修改后的潮汐曲线图

（3）对图片中的字体进行修改，使得文字清楚、美观（图 7-16）。

【思考题】

2016 年 5 月 11 日的高潮高和低潮高为多少？涨潮时间段为哪个阶段？属于半日潮还是全日潮？

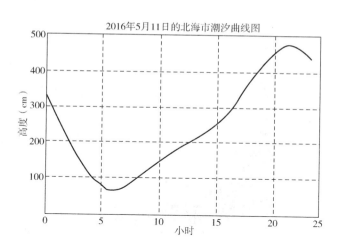

图 7-16　完成后的潮汐曲线图

7.3.7　海洋参数计算

【实验目的】

掌握 Matlab 统计函数；了解 SeaWater 函数工具包。

【实验要求】

用 Matlab 软件完成以下要求：（1）根据某站位的温盐深仪数据，计算温度的平均值、中位数、最大值、最小值和标准差；（2）画出温度的统计直方图；（3）导入 SeaWater 函数工具包；（4）根据 SeaWater 工具包中的函数，计算位温和密度。

【实验步骤】

（1）将温盐深仪数据导入 Matlab 中，数据可来自实地测量或网上下载（例如，南海断面科学考察数据 http://www. sciencedb. cn/dataSet/handle/41）。分别用 mean、median、max、min 和 std 函数计算平均值、中位数、最大值、最小值和标准差，结果如表 7-10 所示。

表 7-10　　　　　　　　　　2009 年南海断面科考站位 1 的温度统计

数据统计	温度（℃）	数据统计	温度（℃）
平均值	8.1684	最小值	2.8300
中位数	5.8100	标准差	6.2692
最大值	28.7300		

（2）用 hist 函数画出温度的统计直方图（图 7-17）。

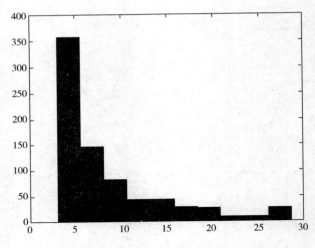

图 7-17　温度的统计直方图

（3）SeaWater 函数工具包是海洋学家开发的 Matlab 工具包，能够根据海洋中的原始数据，计算海水的特征和性质。SeaWater 函数工具包可从网站（http://www.cmar.csiro.au/datacentre/ext_docs/seawater.htm）上下载，并在 Matlab 中的"File→Set Path→Add with Subfolders"进行添加。SeaWater 函数工具包内的函数，如图 7-18 所示。

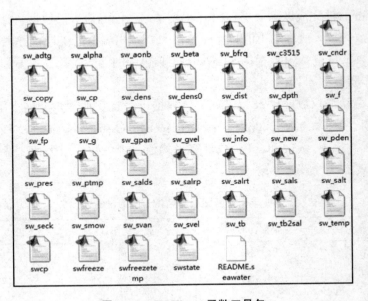

图 7-18　SeaWater 函数工具包

（4）分别用 sw_ptmp 和 sw_dens，计算位温和密度，计算位温时，参考面为海面（图 7-19）。

```
function PI = sw_ptmp(S, I, P, PR)

% SW_PIMP      Potential temperature
%==========================================================
% SW_PIMP   $Revision: 1.3 $   $Date: 1994/10/10 05:45:13 $
%            Copyright (C) CSIRO, Phil Morgan 1992.
%
% USAGE:   ptmp = sw_ptmp(S, I, P, PR)
%
% DESCRIPIION:
%    Calculates potential temperature as per UNESCO 1983 report.
function dens = sw_dens(S, I, P)

% SW_DENS      Density of sea water
%==========================================================
% SW_DENS   $Revision: 1.3 $   $Date: 1994/10/10 04:39:16 $
%            Copyright (C) CSIRO, Phil Morgan 1992.
%
% USAGE:   dens = sw_dens(S, I, P)
%
% DESCRIPIION:
%    Density of Sea Water using UNESCO 1983 (EOS 80) polynomial.
```

图 7-19 位温和密度函数

【思考题】

海水的温度和位温数据是否相同？为什么？

7.3.8 温盐散点图

【实验目的】

掌握散点图的绘制方法；了解海洋温度和盐度的特点。

【实验要求】

用 Matlab 软件完成以下要求：（1）根据海洋的温盐深仪数据，画出温盐散点图，横坐标为盐度，纵坐标为温度；（2）画出冰点温度线；（3）添加横坐标标签"盐度/psu"，纵坐标标签"温度/℃"，图片标题为"温盐散点图"，字体大小设置为"20"，图片中的字体均设置为"Times New Roman"。

【实验步骤】

（1）将北冰洋的温盐深仪数据导入 Matlab 中，数据可来自网上下载（例如，波弗特环流探测项目采集和提供的温盐深仪数据 http：//www. whoi. edu/beaufortgyre）。用 plot 函数画出温盐散点图（图 7-20）。

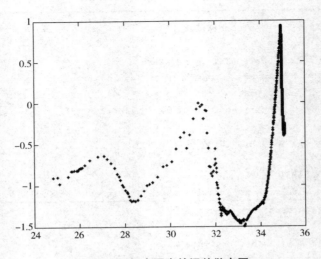

图 7-20　初步画出的温盐散点图

（2）用 SeaWater 工具包中的 sw_ fp 函数计算相对于海面的冰点温度。输入
"Hold on"命令，在原图的基础上添加冰点温度线（图 7-21）。

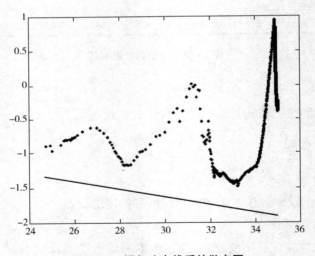

图 7-21　添加冰点线后的散点图

（3）在"View→Property Editor"中对图片进行修改。完成后的温盐散点图，如
图 7-22 所示。

【思考题】

绘制温盐图可以分析海洋的哪些特性？

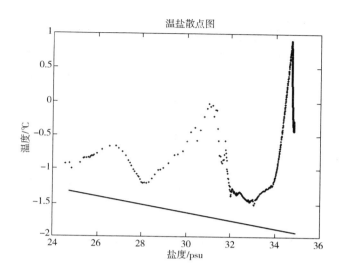

图 7-22　完成后的温盐散点图

7.3.9　温度台阶

【实验目的】

掌握带数据点的直线图绘制方法；了解海洋台阶状结构。

【实验要求】

用 Matlab 软件完成以下要求：（1）根据海洋的温盐深仪数据，画出温度廓线图，并将纵坐标反转；（2）放大温度廓线，找到台阶状结构，横坐标标签为"温度/℃"，纵坐标标签为"深度/m"；（3）线条颜色为"灰色"，线条宽度"3"，数据标记为"圆圈"，大小为"6"，填充颜色为"黑色"，字体设置为"Times New Roman"，字体大小为"20"。

【实验步骤】

（1）将北冰洋的温盐深仪数据导入 Matlab 中，数据可来自网上下载（例如，波弗特环流探测项目采集和提供的温盐深仪数据 http：//www. whoi. edu/beaufortgyre）。用 plot 函数画出温度廓线图（图 7-23）。

（2）通过放大找到台阶，台阶一般位于温度最大值的上方（图 7-24）。

（3）在"View→Property Editor"中对图片进行修改。"Marker"为数据标记，"MarkerFaceColor"为数据标记的填充颜色。完成后的温度台阶，如图 7-25 所示。

【思考题】

温度廓线存在台阶状结构，那么，同样的深度下，盐度廓线中是否也存在台阶？

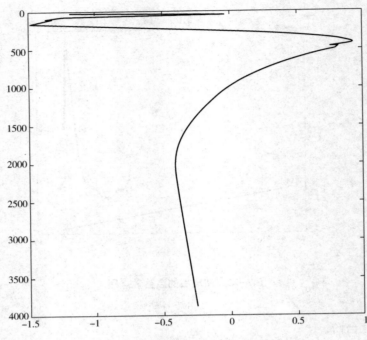

图 7-23　初步画出的温度廓线

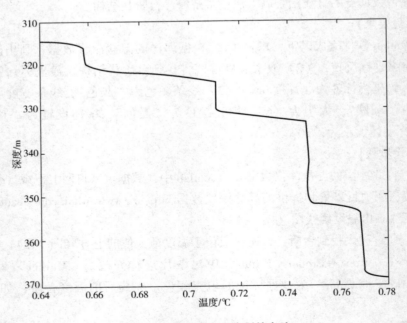

图 7-24　温度廓线中找到的台阶

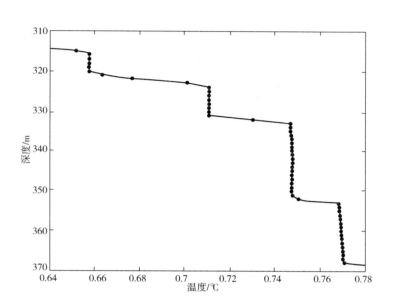

图 7-25 完成后的温度台阶

习题

1. 国家海洋局北海分局针对蓬莱 19-3 油田溢油事故进行的海洋环境监测，属于哪种类型？

A. 常规监测　　　　 B. 应急监测　　　　 C. 基线调查　　　　 D. 海洋资源监测

2. "郑和下西洋"中的"西洋"是指？

A. 太平洋　　　　　 B. 南海　　　　　　 C. 东海　　　　　　 D. 印度洋

3. 首位发现好望角的欧洲人是？

A. 迪亚士　　　　　 B. 达·伽马　　　　 C. 哥伦布　　　　　 D. 麦哲伦

4. 1872 年~1876 年的哪艘科考船，是人类历史上首次综合性的海洋科学考察？

A. "贝格尔"号　 B. "奋进"号　　 C. "圣玛丽亚"号　 D. "挑战者"号

5. 下面哪种设备不能长时间观测？

A. 投弃式温深计　 B. 潜标　　　　　 C. Argo 浮标　　　 D. 走航式 ADCP

6. 下面哪项国际海洋合作是专门研究黑潮的？

A. TOGA　　　　　 B. WOCE　　　　　 C. CSK　　　　　　 D. IIOE

7. 下面哪种卫星传感器，能够探测海洋内波？

A. 海色传感器　　 B. 红外传感器　　 C. 合成孔径雷达　 D. 微波散射计

8. 下面哪项不是载人深潜器？

A. "蛟龙"号　　 B. "阿尔文"号　 C. "深海6500"号　 D. "列宁"号

部分习题参考答案

第一章

1. B	2. C	3. A	4. D	5. D
6. C	7. A	8. C	9. A	10. D
11. A	12. C	13. A	14. A	15. D
16. C	17. D	18. C	19. A	20. C
21. D	22. D	23. D	24. A	25. B
26. A	27. A	28. D	29. B	30. C
31. C	32. B	33. C	34. A	35. B

36. 边缘海 内陆海 陆间海

37. 大陆架 大陆坡 大陆隆 岛弧亚型 安第斯亚型

38. 陆源碎屑 冰川沉积 火山碎屑 远洋黏土

39. （1）大陆漂移说。地球上所有大陆在中生代以前是统一的巨大陆块，称为泛大陆。中生代以后，泛大陆开始解体、分裂，漂移到现在的位置。（2）海底扩张说。地幔岩浆从洋中脊火山口向上涌升，逐渐冷却，凝固形成新的洋壳。新生成的洋壳挤压洋中脊两边已有的洋壳，不断向外扩张，最终在陆地地壳的交界边缘俯冲回到地幔中。（3）板块构造说。地球上的岩石圈不是整体一块，而是被分割成许多构造单元，这些构造单元称为板块。这些岩石圈板块漂浮在软流层之上，随地幔物质对流缓慢运动。（4）板块构造说集大陆漂移说和海底扩张说为一体，能够成功地解释全球性的构造特征和形成机理。这三个学说不是相互矛盾的，而是相互完善、补充的。

40. 基岩海岸是由岩石组成的海岸，分为岬湾海岸和断层海岸。

41. 我国有必要继续造岛。现在是中国在南海造岛的绝佳机会，不但技术熟练，而且海空力量已经达到一定程度，足以保卫工程的进行和建设后的成果。填海造岛将加强我国对南海的控制力，并对南海周边国家形成强有力的震慑作用。

42. 为了巩固我国在南沙群岛的主权，会采取的措施有：宣传南海的重要性，加强民众的海洋权益意识；开采南海石油、天然气资源，真正充分利用南海；填海造岛，加大海岛利用价值，成为强大的海军基地；提升海军实力，建成海军强国；海监船和渔政船通过对峙、驱赶等方式，逐渐获得海岛的控制权；依靠我国海军强大的实力，赶走侵略者。

第二章

1. C   2. D   3. C   4. B   5. C
6. D   7. C   8. D   9. C   10. A

11. 102.5 25

12. 米氏散射 瑞利散射

13. 降水 径流 极地冰川融化 海流流入 蒸发 极地冰川冻结 海流流出

14. 地心引力 惯性离心力

15. 天体引潮力 潮汐 潮流

16. 重力 地转偏向力 压强梯度力

17. 北赤道流 南赤道流 赤道逆流

18. 洋流西向强化

19. 海水中的主要成分（硫酸根、碳酸根、硼酸根、氯、溴、氟、钠、镁、钙、钾、锶等离子）浓度比例近似恒定。

20. 不能。人喝海水时，由于海水盐度高，水往盐度高处流，人不会得到水，反而会脱水。

21. 太阳光照射到海水时会发生散射，大洋海水主要为瑞利散射，瑞利散射的特点是波长的四次方与辐射强度呈反比。可见光中蓝光波长小，辐射强度大。因此，大洋的海水是蓝色的。

22. 海面热收支方程为：
$$Q_W = Q_S - Q_b - Q_e \pm Q_h$$
其中 Q_W 为海面热收支，Q_S 为太阳辐射，Q_b 为海面有效回辐射，Q_e 为蒸发潜热，Q_h 为感热交换。

23. 赤道温度高，由赤道向高纬地区温度递减；副热带盐度高，赤道和高纬地区盐度低；赤道密度低，由赤道向高纬地区密度递增。

24. 半日潮。根据《潮》的第二句，一个月60次潮汐，每天2次潮汐，即半日潮。

25. 南岸。长江自西向东流，地转偏向力在北半球垂直指向水流的右方，也就是长江的南岸。

26. 北半球西边界有黑潮和湾流。特点是流速大、从低纬向高纬输送大量热量。

27. 2号航线沿着加那利寒流和北赤道洋流航行，因此用的时间短。

28. 北大西洋深层水和南极底层水。北大西洋深层水在挪威海和格陵兰海形成，南极底层水在威德尔海和罗斯海形成。

29. 略

第三章

1. A	2. C	3. C	4. A	5. B
6. A	7. B	8. D	9. A	10. C
11. D	12. A	13. C		

14. 浮游生物 游泳生物 底栖生物

15. 我国的珊瑚礁生态系统主要位于台湾岛、海南岛和南海诸岛。

第四章

1. A	2. B	3. A	4. D	5. B
6. D	7. B	8. D	9. B	10. A
11. C	12. C	13. D	14. A	15. D

16. 季风

17. 烧纸钱时，中心空气温度高，密度小，压强小，从而形成低气压。北半球低气压周围的空气呈逆时针旋转，南半球低气压周围的空气呈顺时针旋转，因此会有旋风。

18. 2016 年 1 月入侵我国的寒潮与全球变暖不矛盾。2015 年 12 月，北大西洋的风暴到达北极，影响原本稳定的极地涡旋。北极的冷空气南下，流向西伯利亚等地区。2016 年 1 月，驻守在西伯利亚的极地冷空气南下，导致我国大幅度降温。因此，2016 年 1 月入侵我国的寒潮主要是由于全球变暖所导致的气候异常，寒潮与全球变暖并不矛盾。

19. 位于大洋洲。岛上的居民可以采取修筑堤坝、寻求援助、举国搬迁、垫高土地、呼吁减少温室气体排放等措施。

20. 《难以忽视的真相》这部电影主要介绍了全球变暖的原因、现象和影响。全球变暖的原因是人类工业活动导致的温室气体浓度增加，即人为温室效应。全球变暖的现象有全球温度普遍升高。全球变暖的影响包括海冰、冰川融化，极端天气频繁，海平面上升，大量物种灭绝。我认同这部电影的观点，全球变暖的影响非常深远，我们应该更多地关注这个问题，防止地球环境进一步恶化。

第五章

1. C	2. C	3. A	4. B	5. C
6. B	7. B	8. D	9. C	10. D

11. 该海域发生了赤潮。赤潮发生的条件包括：海水富营养化，氮和磷的含量

超标；海水中含有一定量的铁和硅；海水温暖，光照条件适宜；风平浪静，水流缓慢。

12. 巴西红耳龟。巴西红耳龟原产于美国中部至墨西哥北部，已成功入侵到世界各地，被列为最危险的 100 种外来入侵物种之一。巴西红耳龟色彩艳丽，价格低廉，极易饲养，致使被大量养殖和贩卖。入侵我国的巴西红耳龟主要集中在中南部地区的城市周边水域。由于基本没有天敌且数量众多，巴西红耳龟大肆侵蚀生态资源，严重威胁我国本土野生龟与类似物种的生存。

第六章

1. A	2. B	3. D	4. D	5. D
6. C	7. C	8. B	9. C	10. D
11. D	12. A	13. C	14. C	15. A
16. D	17. B	18. D	19. D	20. A

21. 海水呈碱性，氢离子浓度为10^{-8}mol/L。

22. COD 是化学耗氧量。COD 越高，表示水中有机污染物越多。

23. 略

24. 略

25. 检测出的 pH 在正常范围；溶解氧含量普遍偏低；未检测出磷；海水无机氮含量普遍超标。

第七章

1. B	2. D	3. A	4. D
5. A	6. C	7. C	8. D

参考文献

［1］埃里克·蔡森, 史蒂夫·麦克米伦, 蔡森等. 今日天文: 太阳系和地外生命探索［M］. 北京: 机械工业出版社, 2016.

［2］曹伟国, 梁广建. MATLAB 在海洋水文资料处理中的应用［J］. 气象水文装备, 2005, 5: 46-48.

［3］陈月娟. 大气-海洋学概论［M］. 中国科学技术大学出版社, 2009.

［4］冯士筰, 李凤岐, 李少菁. 海洋科学导论［M］. 高等教育出版社, 1999.

［5］国家海洋局. 2012 年中国海洋环境状况公报［J/OL］. http://www. mlr. gov. cn.

［6］国家海洋局. 2016 年中国海平面公报［J/OL］. http://www. mnr. gov. cn/sj/sjfw/hy/gbgg/.

［7］冀萌新. '98 大洪水中的全国救灾救济中枢［J］. 中国社会导刊, 1999 (10).

［8］李凤岐. 海洋与环境概论［M］. 海洋出版社, 2013.

［9］刘增宏, 吴晓芬, 许建平等. 中国 Argo 海洋观测十五年［J］. 地球科学进展, 2016, 31 (5): 445-460.

［10］孟范平. 海洋环境［M］. 北京: 海洋出版社, 2009.7.

［11］蒋兴伟, 林明森, 张有广等. 海洋遥感卫星及应用发展历程与趋势展望［J］. 卫星应用, 2018, No.77 (05): 12-20.

［12］吴巍, 方欣华, 吴德星. 关于跃层深度确定方法的探讨［J］. 海洋湖沼通报, 2001 (2): 1-7.

［13］宋雪珑. 北冰洋海冰、水团和双扩散台阶之间关联的研究［D］. 学位论文: 硕士, 2014.

［14］宋雪珑, 万剑锋, 覃琴, 等. 《海洋数据处理实验》的教学内容设计［J］. 科技视界, 2016 (27): 248-248.

［15］姚泊. 海洋环境概论［M］. 北京: 化学工业出版社, 2007.

［16］易晓蕾. 我国海岸侵蚀现状及其管理［J］. 海洋信息, 1993 (3): 9-10.

［17］张润秋. 海洋管理概论［M］. 海洋出版社, 2013.

［18］赵淑江, 吕宝强, 王萍. 海洋环境学［M］. 海洋出版社, 2011.

［19］周雅静, 林建国. 海洋数据视图应用软件—ODV［J］. 海洋技术, 2002, 21 (2): 41-43.

［20］Nullis, C. (2016). Provisional WMO Statement on the Status of the Global

Climate in 2016. World Meteorological Organization.

［21］Stewart H.（2008）. Introduction To Physical Oceanography,（September）, 1-342.

［22］Stocker, T.（Ed.）.（2014）. Climate change 2013：the physical science basis：Working Group I contribution to the Fifth assessment report of the Intergovernmental Panel on Climate Change. Cambridge University Press.